Best Time

白 马 时 光

U0364883

生物超有趣

苏仁福　曾明腾　著

山东文艺出版社

图书在版编目（CIP）数据

生物超有趣 / 苏仁福，曾明腾著. -- 济南：山东
文艺出版社，2023.4
ISBN 978-7-5329-6559-5

Ⅰ. ①生… Ⅱ. ①苏… ②曾… Ⅲ. ①生物学－普及
读物 Ⅳ. ①Q-49

中国版本图书馆CIP数据核字(2022)第008109号

图字：15-2023-31

生物超有趣

SHENGWU CHAO YOUQU

苏仁福　曾明腾　著

主管单位　山东出版传媒股份有限公司
出版发行　山东文艺出版社
社　　址　山东省济南市英雄山路 189 号
邮　　编　250002
网　　址　www.sdwypress.com

读者服务　0531-82098776（总编室）
　　　　　　 0531-82098775（市场营销部）
电子邮箱　sdwy@sdpress.com.cn

印　　刷　天津融正印刷有限公司
开　　本　880mm×1230mm　　1/32
印　　张　8
字　　数　143千
版　　次　2023 年 4 月第 1 版
印　　次　2024 年 8 月第 3 次印刷
书　　号　ISBN 978-7-5329-6559-5
定　　价　59.80 元

作者导读

我从事生物、物理、化学、地球科学等科学教学工作长达20余年，带过七届初中毕业班。在传授科学核心理论知识时，我总希望能将世界的变化与生活的联结带进课堂，让学习走出教室。

在这本书中，我们尝试融合理性的科学与感性的文学，由科普作家水精灵老师顺着历史脉络，以故事点缀出科学发现的瞬间悸动。这些故事内容广泛，例如第一章便从罗伯特·胡克（Robert Hooke，1635-1703）[1] 的显微镜开始讲述，一直到

---

1 罗伯特·胡克：英国博物学家、发明家。他发现了弹簧的受力和伸长的长度成正比的"胡克定律"，也设计出第一台复式显微镜，并且以显微镜发现了"细胞"。

雷文霍克（Antoni van Leeuwenhoek，1632-1723）[1]发现单细胞生物以及细胞学说的诞生与诠释。这本书也从颠覆现代人观点的"自然发生说"开始探索科学史的进程，并且让读者了解观测器材的重要性。因为观测器材的发展，科学家们才能突破肉眼的限制，前往微小精细的世界旅行，探索纳米科技的进程，也能向广袤巨观的宇宙探索，了解光年的由来与意义。

除此之外，从第四章开始，作者带领读者探索人体的诸多奥秘。人体最长的器官是哪一个？吃进肚子的食物到底都跑到哪里去了？我们为何要一直不断地吃东西呢？人类为什么需要呼吸空气才能生存？这些大小疑问都可以在此找到答案！

除了给读者带去生物知识，书中也大量讲述了这些知识背后不为人知的科学史。例如，在外科医学应用十分广泛的麻醉技术，在人类历史上，其实也曾被许多优秀的医师与巫师发现，麻醉药物的滥用，反而间接促成麻醉拔牙的诞生；又如人类与糖尿病的漫长搏斗历史，以及各种猎奇的、令人叹为观止的人体实验……这些让读者明白，只有通过时间持续累积，才能找出真相，必须抱持着质疑的眼光、科学验证的方法、好奇的心胸去看

---

1 安东尼·菲利普斯·范·雷文霍克：荷兰贸易商与科学家，有光学显微镜与微生物学之父的称号。

待每一项知识原理，修正部分错误，才能越来越接近真实。

本书特别为读者设置了"知识百宝箱"板块，以笔记的形式为读者整理相关的学科重点知识；本书还设计了"生活小实验"单元，透过简单有趣的生活小实验，让读者在学习新知的过程中，也能动手玩科学。

"生活小实验"的设计，以该章节的原理概念与生活的联结和居家操作难易度、手作的成功概率为主要考量。例如，在第一章，我们就提供叶脉书签的制作方式，让大家可以清楚地看见叶片上的方格脉络，体现出细胞为生物体组成的基本单元，并且获得漂亮的叶脉书签；而在第三章，我们带领读者制作美丽的行星尺，透过各星体间光年距离的换算，搭配比例尺的运算思维，让读者能透过实作，对尺度有更深一层的理解。

在第二章的微生物知识的讲解中，由于坊间已经有许多便宜又好用的手机显微镜可供大家使用，因此这个单元的"生活小实验"，我们就选择教大家制作简易的光学望远镜。显微镜和望远镜有相似的光学原理，显微镜是由两组凸透镜构成，望远镜则是由一个凸透镜和一个凹透镜构成。当然，自行制作的成功率也是十分重要的考量。

到了第四章，有别于前几章的实验类型，我们希望带给大家科学实验过程中非常重要的"变因法"概念，让读者可以自行延伸或者调整实验。

变因法，主要是将实验过程中的变因，分为以下三组——

1. 控制变因：实验组与对照组都固定不变的项目；

2. 操纵变因：在实验组和对照组操作不同的项目；

3. 应变变因：依据操纵变因的改变而改变的项目。

一项实验的假设与结论，必与操纵变因同应变变因间的关系有所关联，所以在实验设计中，操纵变因通常只会有一项，而其他可能影响实验的变因都必须固定不变。因此，控制变因可以有很多项，应变变因大多只有一项，用来观察其与操纵变因之间的关系。

在第四章以及之后的"生活小实验"中，存在着许多变因，无论是利用听诊器，或是下载聆听心音的 App，记录自己在不同实验情境下所发出的心音与脉搏数，最后尝试归纳分析科学实验数据背后的含义，或者是透过酿造葡萄酒的过程，让读者更深刻地理解化学变化的奥妙。又或者是时下流行的"168 间歇性断食法"，甚至是使用电池的钢丝绒燃烧实验（千万记得，实验用火一定要非常小心哦！），都是希望能透过生活实验，让大家思考并找出可能造成实验误差的因素，提升对事物观察上的扩散性

思考能力。

衷心期待这本书能让读者们透过跨越学科阅读的网状链接，编织出更多元且全面的知识网络，让学习不再只是单向思考，而是有如蜘蛛网般的扩散联想与核心聚焦。让生活充满好奇，让科学里拥有文学的涵养与温暖，让文学中具备科学的验证与思辨，学习不要怕犯错，真正要害怕的是：你只会标准答案！

热爱学习，喜欢跨域想象的终身学习者

热爱教学，喜欢思考未来趋势的教育者

热爱玩乐，喜欢生活充满趣味的旅行者

热爱挑战，喜欢勇敢尝试新事物的勇者

热爱追梦，喜欢坚持理想与信念的行者

Mr.T. 曾明腾

作者序

　　感谢曾明腾老师在大纲的拟定上提供了宝贵的建议，并撰写"知识百宝箱"来补充知识点，使得本书内容更加丰富。在新型冠状病毒感染的冲击之下，种种与生物科技相关的专有名词经常出现在各大新闻媒体上，很多人对它们并不陌生，它们不单影响到重要的产业，更影响到全球环境生态、人类健康和生存。

　　不过，这本书作为小学高年级学生的课外（补充）读物，不会深入谈论如此严肃的课题，内容也不会跟教科书雷同，更不是一本生物图鉴！

　　相反，本书的目的是让小学生、初中生在进入课堂之前，能

先对生物重要理论的发现，发现者的动机、生平与背景，科学家的名字与专有名词有些许熟悉，降低课堂学习上的陌生感，借此引发阅读兴趣，点燃学习热情，甚至可以作为衔接高中科学史的桥梁书籍。

基于上述目的，我便按照以往在论坛上一贯的发文风格——以浅显易懂的叙述手法，搭配年青一代的流行用语，和大家聊科普——来撰写有趣的生物科学史，希望读者在阅读每一篇文章时的心情就像开福袋一样，充满期待与惊喜。

除了科学史，还有"知识百宝箱"。它不仅将课本内容去芜存菁、突出重点，帮你省下课堂上做笔记的时间，还能作为课前预习与课后复习的参考资料，大大提高你的读书效率。

可以的话，请务必亲自动手体验"生活小实验"，你绝对会有意想不到的收获。

你或许认为生物很复杂，词汇艰深难以理解，甚至一点用处也没有。实则不然。请试着想象，当你拥有这样一本趣味性与教育性兼具的科普书籍时，你对这门学科的刻板印象将会改变，不再盲目跟着别人大喊生物万得佛（wonderful），而是迎来卡乐佛（colorful）的人生！

　　总之，这本书有着丰富的内容、逗趣的解说和精彩的插图，带你360°全方位了解多彩多姿的生物科学史。正所谓"坛启荤香飘四邻，佛闻弃禅跳墙来"，这本书可以说是书籍中的"佛跳墙"，不会让你失望！

苏仁福

目录

第二章 巴斯德与他看不见的小伙伴们

第三章 纳米是什么米？光年是何年？

第四章 吃进肚子里的人体奇航

第五章 维萨里的挑战

第六章 007 情报员的麻醉风暴

第七章 不要让你的尿变甜了

第八章 全集中呼吸

第一章

研究生物先从味觉开始？

地球，美丽的星球

地球，是目前所知最适合人类居住的一颗星球。从外太空俯瞰，它被包覆在蓝宝石般的外衣与几缕白丝之中。当科学家将望远镜伸向宇宙时，我们发现，地球原来如此渺小、不起眼。虽然如此，它却是特别的存在，像极了爱情。

地球之所以特别，是因为它是宇宙中唯一发现生物，而且又适合我们这样的生物——没错，就是正在阅读这本书的各位——生存的地方。

假如把地球看作一颗苹果，那么生物就仅存在于这颗苹果的外皮中。很早以前人们就对生物十分感兴趣，那些研究自然界动植物的人，也被人们称为博物学家。只不过，这些研究成果经常与神话或是传说绑定。即使到了现在，依然有一些被神农氏附身的狂热分子坚持认为研究生物要先从味觉开始。

不管如何，小朋友们千万不要学。

生物是什么

　　既然进入了科学时代，就要用科学的方法研究生物。我们都知道，观察是打开科学之门的一把钥匙，而且别想用暴力法推开这扇门，那只会像日本漫画《猎人》中那两位自负的猎人一样，被三毛[1]吃掉。

　　无论是大到超越我们人类本身的动植物，还是小到不能再小的微生物，对于多彩多姿的生物世界，人类的探索一直是无穷尽的。

　　如果单看外观特征，或者生态习性，那么，生物之间的差距起码有三四层楼那么高。倘若我们转个方向、换个方式，从细胞的组成、生物体内离子的交互作用或是遗传信息如何传给下一代等微观的视角来观察生物的话，我们会发现，在肉眼看不见的微小世界里，生物与生物竟是如此相似，存在着连汤师爷[2]也解释不了的一致性。

----

1 日本漫画《猎人》中，暗杀家族揍敌客家的看门狗。
2 电影《让子弹飞》里面的人物角色。

对于生物，人类真正意义上的科学探索之路，或许得从 19 世纪的细胞学说开始。

显微镜的发明，显然与细胞学的发展息息相关。

在此之前，人们对生物的探讨多半停留在看得见、摸得着的大型物体之上。对于像细胞这样，超越肉眼所见又不是触手可及的小东西，若没有一定的光学工艺水平，要发现它们实属不易。

伦敦的达·芬奇——胡克

先将时间推回到 17 世纪，一位名叫胡克的英国科学家——哦！别误会，不是那位眼盲、手残、脚断的胡克船长[1]——拥有神人之手的他，自制了一台（放大倍数超越任何当代显微镜的）复式显微镜。

一日，胡克抓到一只偷吃奶酪的老鼠。闲来无事的他，竟然从老鼠身上抓了一只跳蚤，放在显微镜下观察。这一看，不得了呀！在他眼中，跳蚤身上的细毛是那样的规律、井然有序，堪称造物者之美也不为过。

---

1 胡克船长（Captain Hook）：童话故事《小飞侠彼得潘》（*Peter Pan*）中的海盗船长。

借由这台精良的显微镜，胡克观察了各式各样的动植物（这是生物）与矿物（这不是生物），详细地记录下结果，并且将这些观察、描绘收入 1665 年由他整理发行的一本畅销书《微物图志》（Micrographia）中。

《微物图志》

《微物图志》，就像其书名一样，展现了一个人类肉眼从未看过的精细世界。

这本书中收录了大家耳熟能详的软木细胞观察内容。胡克将软木塞切成薄片后，放到显微镜底下观察。他发现，这个切片标本竟然是由一个个排列整齐的小格子所组成。

他将这些格子称为"cellulae"（拉丁文，英文翻译为cell)，即中文所说的"细胞"。

事实上，胡克在显微镜底下看到的，是作为软木塞原料的欧洲栓皮栎树在干死之后留下的空洞（细胞壁），而不是充满各种物质的活细胞。当时的胡克其实也没有细胞的概念，"cell"这个词，原本的意思是地窖或是小格子，胡克只是觉得这玩意儿

的形状和修道院中的方形地窖有些相似，便以此来命名。

尽管如此，胡克所看到的，也只是冰山一角而已……

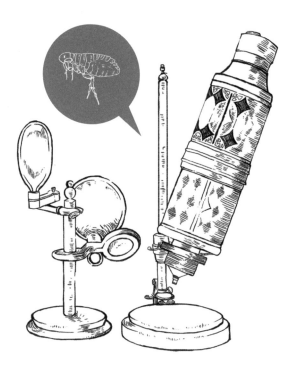

显微镜下的跳蚤

高手在民间

1673 年，伦敦皇家自然知识促进学会（The Royal Society of London for Improving Natural Knowledge）[1] 收到了一封信。

这封信的作者，是荷兰商人雷文霍克。在信中，他描述了诸如蜜蜂的眼睛、霉菌的外观等显微镜下的奇妙发现。

当然啦，名气是个好东西，可惜不是大家都拥有。一开始，这位寂寂无闻的荷兰绸布商的观察结果并没有受到重视，甚至连胡克的车尾灯都看不到！不过，雷文霍克的字典里没有"放弃"这两个字。他在之后的五十年间，陆续寄出了好几封信，发表在学会的《哲学会刊》上。

---

1 伦敦皇家自然知识促进学会：英国资助科学发展的组织，成立于 1660 年，宗旨是促进自然科学的发展。

雷文霍克年轻时开了一家布店，虽然他受教育程度不高，却凭借着精湛的裁缝手艺与生意技巧，累积了不少财富。

有钱又有闲的他，选择了一个不同凡响的兴趣。或许是受到胡克的《微物图志》的影响，闲暇时，雷文霍克沉迷于手工磨制镜片，并且喜欢用自己亲手打造的显微镜观察任何他可以拿到手的东西。

江湖传说，他的手工成果极其丰硕，达到大约有 250 台显微镜，以及 172 块镜片的惊人纪录。

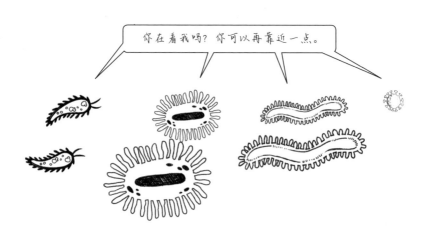

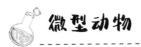 微型动物

1675 年，雷文霍克用自己手工制作的显微镜观察了雨水、井水与河水。结果，他惊奇地发现，在这些小小的水滴中，有无数小生物用细小又特殊的"腿"或"尾巴"快乐地奔跑。他不禁兴奋地大叫："娘子，快跟牛魔王出来看上帝！"[1]

他认为这些善游能跑的小家伙是缩小版的动物，因此称它们为"微型动物"（animalcules），并将观察结果记录下来，寄给皇家学会。这封著名的第十八封信，不仅震惊了学会所有的人，也刷新了他们的三观。

在学会的要求下，雷文霍克请来几位神职人员，以及具有公信力的人物，亲眼见证他的观察。隔年，学会的专家，前面登场过的胡克先生，也证实了这项重大的发现。

时至今日，我们知道，雷文霍克眼中的这些微型动物，就是我们口中的细菌。这个重大的发现让他名留青史，点开了微生物研究这个新科技树。

---

1 网络流行语，用来赞叹神奇的人或物。原句出自《大话西游》（《齐天大圣东游记》）。

技术突破

受制于显微镜的条件（比如无法消除那些围绕着焦点，使影像模糊不清的色环），当时的科学家们其实很难清楚地观察细胞内的结构。别怀疑，这绝对比你去大卖场或路边摊买来的便宜货还要惨不忍睹。毕竟，当时的显微镜所呈现出来的影像总是和灵异照片一样，出现各种奇怪的颜色或线条。影像的失真，让许多人对显微镜半信半疑。

所谓"科技始终来自人性"[1]，人类旺盛的好奇心，以及对偷懒和方便的永恒热情，一直是科技的原动力。

由于当代科学家与医生们始终无法放弃对于了解细胞内的神秘世界，以及研究动植物或人体运行的渴望，人们开始朝着高清无码的伟大时代前进。

19 世纪 20 年代，人类终于克服这项难题。人们开始使用显微镜，再也不需要怀疑眼前所见之物，细胞周围的结构被看得一清二楚。如同哆啦 A 梦的百宝袋一样，细胞终于可以大声宣布：我们，可不是装满同一种东西的无趣口袋。

---

1 诺基亚公司，最为著名的标语（原文为"Connecting People"）。

细胞学说登场

接下来，英国植物学家罗伯特·布朗（Robert Brown，1773—1858）[1]飒爽登场。他在利用高清版显微镜比对兰花细胞的芸芸众生之后，发现每一个细胞中心都带一个圆状结构，它的颜色比周围的物质深了许多，布朗将其称为"细胞核"。

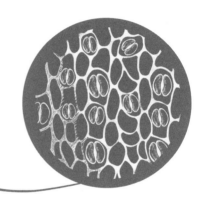

布朗显微镜底下的植物细胞

布朗的发现引起了植物学家马蒂亚斯·雅各布·施莱登（Matthias Jakob Schleiden，1804—1881）[2]极大的好奇心。1837 年 10 月，施莱登与动物学家泰奥多尔·施旺（Theodor Schwann，1810—1882）[3]在某次聚餐中，意气风发地谈论着各自的研究。

---

1 罗伯特·布朗：英国植物学家，主要贡献是对澳大利亚植物的考察和发现了布朗运动。
2 马蒂亚斯·雅各布·施莱登：德国植物学家，细胞学说的建立者之一。
3 泰奥多尔·施旺：德国动物学家。他在生物领域贡献巨大，包括发展了细胞学说。

差点登出人生 Online 的男人

插播一下施莱登这个人，他的经历很特殊，他在大学毕业后成为律师，却因为工作而长期忧郁，甚至企图自杀（但以失败告终）。他心念一转，决定重拾书本回到校园。虽然他在植物学领域中展露出非凡的长才，但个性悲观的他，经常以偏激的言词批评身边的同事。

举例来说，施莱登曾经如此形容植物学家："植物学家是把花草晒干后贴在纸上的人！"当时的植物学家的确以发现新物种、为新物种命名、将这些花花草草分门别类作为工作重点，并不重视思考与实验，确实很像在集邮或是资源垃圾分类。也难怪施莱登会这样嘲讽。

为了打破这种局面，施莱登认为生物学应该像化学一样，研究物质的组成、结构与物质间的变化，这样才能有所进步。于是，他将植物放在显微镜底下观察，最终发现了植物结构的秘密。

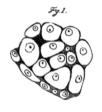

施旺描绘的细胞结构

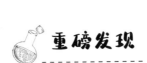

重磅发现

这天他们用完餐后，立刻回到施旺的实验室。在观察了施旺的动物细胞后，施莱登惊觉，它和植物细胞极为相似！原本施莱登认为，植物是由细胞构成，是否所有的植物都是如此则不得而知。然而施旺的研究结果却告诉他，动物也是由细胞所构成。

简而言之，生物体中存在着被称为"细胞"的基本单位，是构成生命最关键的基本单元。

一切谜底都解开了！他们发现，不论是植物还是动物，都由细胞构成，而且必定有一个细胞核。

1838 年，施莱登发表了植物界的细胞学说，指出细胞是一切植物构造的基本单位，植物发展的基本过程就是细胞的形成过程。1839 年，施旺把施莱登的学说扩大到动物界，形成了适用生物界的细胞学说。

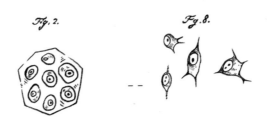

细胞学说的错误

但是，施旺与施莱登的细胞学说也不是百分之百的正确。一开始，他们尝试用物理与化学的观点来解释"细胞如何形成"这个问题。施莱登认为，在人体中，会先产生细胞核，细胞核吸取周围的营养物质，像结晶形成一样，最后构成细胞。

细胞核　营养物质　细胞膜/壁

施旺与施莱登错误的细胞形成理论

施莱登的好伙伴——施旺，也支持施莱登的这个理论。不过他比较小心，表述时也选用比较保守、暧昧不明的字眼。他认为，新细胞很有可能源自细胞之间，形状不定的某种物质。

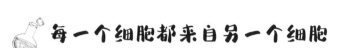

每一个细胞都来自另一个细胞

这样暧昧不清且有些硬拗的说法，立刻招来科学界的许多质疑，有些人甚至认为，施旺和施莱登的细胞学说是不是有些名不副实了。

解决这个问题的，是德国的罗伯特·雷马克（Robert Remak，1815—1865）[1]。

这位胚胎学家利用发育中的青蛙胚胎，向世人证明，新的细胞并非自然形成，而是来自原本"已经存在"的细胞，然后通过细胞分裂的方式，产生新的细胞。

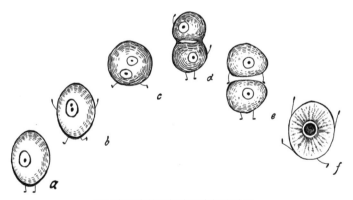

雷马克用青蛙卵细胞证实细胞分裂

---

1 罗伯特·雷马克：德国犹太裔胚胎学家、生理学家与神经学家。

之后，德国病理学家鲁道夫·路德维希·卡尔·魏修（Rudolf Ludwig Karl Virchow）采用了雷马克的研究结论，说出一句生物学的至理名言："每一个细胞都来自另一个细胞（Omnis cellula e cellula）。"

应用在病理学上，这意味着，人人闻之色变的癌细胞不是天降恶魔，而是来自我们身体里面，是正常细胞经过异常活动，以及分裂的结果。这不仅是对细胞学说的重要补充，更是对"细胞是生物体结构及生命活动的基本单位"这个理论进行了完美的诠释。

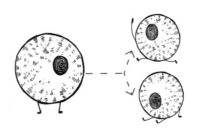

每一个细胞都来自另一个细胞

细胞学说深深影响了后来生物学的发展，但要解开细胞生长和细胞分裂之谜，科学家还需要数十年的努力。

1665
胡克发现细胞

雷文霍克发现
单细胞生物
1675

布朗提出细胞内
都有一颗球状构
造，他称之为
"细胞核"
1831

1838
施莱登提出植物由
细胞组成

1839
施旺提出动物由
细胞组成

1855
魏修提出所有
细胞均来自已经
存在的细胞

细胞学说发展史

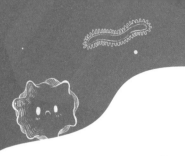

无所不在的科学

 —细胞跟手机的距离其实也很近—

我们都知道，细胞的英文名字叫"cell"。

相信你也非常清楚，手机的众多绰号中，有一种叫"cellular phone"。好吧，或许我应该使用缩写"cellphone"。

这当然不是因为手机对现代人至关重要，简直就像细胞与身体一样紧密相关，而是因为用来传送手机信息的网络，来自地面上架设的基站，这些基站覆盖的范围，画起来也是一格一格，蜂巢般的六角形和显微镜下细胞壁的格子有七八分相似。

科学家的联想力总是无穷的。

1. 细胞 ┬ 是生物体组成的基本单元
       └ 胡克自制显微镜观察而发现

   → 当时胡克观察到的是软木塞中细胞的细胞壁

2. 细胞学说 ┬ 提出者：施旺和施莱登
          └ 动植物皆由许多细胞所组成

3. 动植物细胞差异 ┬ 植物细胞比动物细胞多了
               │ → 细胞壁、叶绿体等结构
               └ 植物细胞的液泡较大

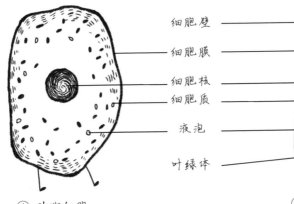

细胞壁
细胞膜
细胞核
细胞质
液泡
叶绿体

① 动物细胞

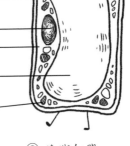

② 植物细胞

4. 细胞核 ┬ 细胞的生命中枢: 内含遗传物质 DNA
         ├ 真核生物: 有真正细胞核构造的生物
         └ 原核生物: 没有完整细胞核构造的生物

5. 细胞膜 ┬ 细胞的门户: 可控制物质进出细胞
         └ 具选择性的半透膜

         ┬ 大分子物质 → 先分解为小分子物质
         │ 或者直接通过膜的变形进出细胞
         └ 小分子物质或气体 → 可直接进出细胞
            或者通过膜蛋白协助进出细胞

6. 细胞质 ┬ 细胞膜与细胞核间的胶状物质
         ├ 内含许多细胞器
         └ 可流动

7. 线粒体 ┬ 细胞的发电厂
         └ 可分解物质, 产生能量

8. 液泡 ─┬─ 细胞的储藏室
        └─ 植物细胞液泡较大，动物细胞液泡较小

9. 细胞壁 ─┬─ 植物细胞细胞壁的主要成分为纤维素
          └─ 无法控制物质进出，具保护细胞和支持
             植物体的功能

10. 叶绿体 ─┬─ 内含叶绿素，植物细胞特有
           └─ 可进行光合作用，制造养分和氧气

11. 常见显微镜原理：利用两块凸透镜的光折射原理，
呈现观测物的放大影像

12. 常见光学显微镜 ─┬─ 解剖显微镜
                  └─ 复式显微镜 → 放大倍率较大，
                     可观察到细胞

13. 细胞的物质组成

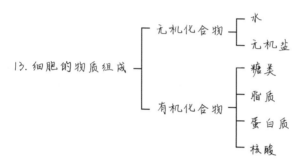

- 无机化合物
  - 水
  - 无机盐
- 有机化合物
  - 糖类
  - 脂质
  - 蛋白质
  - 核酸

14. 细胞的形态：细胞会根据其机能的不同而有不同的
形态，以动物细胞为例

- 表皮细胞 → 形状扁平，具保护功能
- 肌肉细胞 → 呈细长状，方便收缩
- 神经细胞 → 有许多小突起，方便传递信息

15. 动物的组成层次：细胞 → 组织 → 器官 → 系统 → 个体

16. 植物的组成层次：细胞 → 组织 → 器官 → 个体

生活小实验

看过美丽又文艺的叶脉书签吗？知道如何制作吗？现在就来教大家制作漂亮的叶脉书签。

一、实验器材

1. 叶片→厚一点的叶片

---

2. 可加热的容器

---

3. 热源→瓦斯炉、卡式炉、电磁炉皆可

---

4. 镊子

---

5. 手套→做实验时，记得全程要戴手套！

---

6. 氢氧化钠→如果没有氢氧化钠，可用肥皂代替

---

7. 旧牙刷→刷叶片用

二、实验步骤

1. 配置 5% 氢氧化钠水溶液：将 5 克氢氧化钠加入 95 克水中，或直接使用肥皂水。

   ☆因为肥皂水跟氢氧化钠水溶液都是碱性。

2. 将清洗过的翠绿叶片放入 1 的溶液中，加热煮沸，煮出翠绿的色泽。

   ☆建议溶液沸腾后，可以稍微煮久一点，等下刷除叶肉时，会比较简单且不易失败！

3. 用镊子将叶片自溶液中取出，用清水清洗，再用牙刷刷除叶肉细胞。

   ☆要小心翼翼地刷除，避免刮破叶片。

4. 这时，美丽的叶脉应该已经呈现在你眼前了！接下来请将叶片晾干，再发挥你的创意上色或制作图卡，制作出专属于你的叶脉书签。

第二章

巴斯德与他看不见的小伙伴们

微生物从何而来

微生物："妈！我在这儿……这儿！"

微生物的发现，可以追溯到 17 世纪，荷兰手工显微镜达人，哦不，是由荷兰科学家雷文霍克利用他傲视时代的自制显微镜发现的。

不过，对于这些微小生物的存在，当时的人们反应有些冷淡，就像是对待路边的石头一样，毫不在意。谁也没想到，这些可爱又迷人的小生物，与人类之间竟然有着超越三生三世的纠葛。

正如上一章提到的，显微镜的发明，跟微小世界的探索息息相关。如果没有一定的光学工艺水平，无论是微生物或者细胞，这些超越肉眼可以看见、双手可以触碰的微小世界居民，都不太容易被人们发现。

牛角怎么养蜜蜂

即便是曾经象征科技与文明的欧洲，它们的生物学与医学也曾经刷新现代人的三观。

古希腊人相信，腐肉可以变成苍蝇，积水会转化成蚊子，甚至当时有位农民想要养蜜蜂，专家给他的建议竟然是："把牛角埋入地下！"他们认为，只要这么做，过一段时间后再锯掉牛角，就会飞出农民想要的蜜蜂。

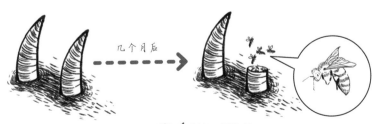

几个月后

养蜜蜂的正确方法：埋牛角

亚里士多德："我说完了，谁赞成？谁反对？"

千百年来，流传着一种备受争议的"自然发生说"（Spontaneous Generation），包含亚里士多德（Aristotls，前384—前322）[1]在内，当时的科学家相信，生物可以从某种自然环境中自然演变。显然，无论是腐肉长苍蝇，或是积水变蚊子，这都是人们在观察事物之后，根据表象所得到的结论。

但是，受过电视网络大量的知识洗礼，好好上过自然课和生物课的你，想必不会认为你家的床单会自动"生"出一条小手帕，或是浴缸会很贴心地帮你家浴室"生"出一只小漱口杯，对吧？

回到我们的故事主轴，最早对伟大的亚里士多德提出反对的，不是本章的第一男主角巴斯德，而是来自意大利的医师雷迪（Francesco Redi，1626—1697）[2]。

这一天，文艺范儿十足的雷迪，正捧着希腊名著《荷马史诗》阅读。

---

1 亚里士多德：古希腊哲学家，西方哲学的奠基者之一。
2 弗朗西斯科·雷迪：意大利医学家、昆虫学家，以否定自然发生说著名。

雷迪："真相只有一个！"

引起雷迪的兴趣的，是书中赫赫有名的"伊利亚特"（Iliad）篇章。故事中，阿基里斯的母亲为了不让儿子好友的尸体被长蛆腐坏而破坏了亡者的相貌，她的做法是：设法隔绝苍蝇，不让苍蝇在尸体上停留。

但是，根据大师亚里士多德的"自然发生说"，腐坏的肉会自动"生出"蛆，即便不让苍蝇在尸体上逗留，又能有什么效果呢？

1668 年，为了挖掘真相，雷迪展开了一场实验。他准备了三个容器，容器内各放了一块肉：一个容器不加盖，一个用盖子盖住，最后一个则盖上了纱布。

我没盖子　　我有盖子　　我盖纱布
　　　　　　不长蛆

经过一段时间，容器内的肉都腐烂了。不加盖的容器内有苍蝇飞入，腐肉上长满了蛆；盖上纱布的容器，纱布上面也有蛆；唯有加上盖子的容器，肉块上并没有长出蛆。这个实验清楚地告诉人们，"自然发生说"并不正确。

只是，"自然发生说"受到教会的支持，而且当时教会的权力很大。如果教会认定谁违背了教条或者教义的话，很可能会将其送到宗教裁判所（inquistion）[1]进行审问，甚至会施以酷刑，连爹娘都认不出来。

微生物论战 —— 跨越百年的争议

100 年过后，充满达人手作精神的雷文霍克，利用自制的显微镜清楚看见，原本没有微生物的食物，在经过一段时间之后，竟然跑出了许多微生物！

有人因此认为，生物，就是从这些食物里变出来的。

---

1 宗教裁判所：又称异端裁判所，负责侦查、审判和裁决天主教会认为是"异端"的法庭。

不可质疑你的神？

这样的说法被意大利的斯帕兰札尼神父（Lazaro Sapllanzni，1729—1799）[1] 推翻了。

虽然斯帕兰札尼是位神职人员，但他对世间万物都抱着质疑的科学精神，认为人们不该把任何事情都视为理所当然。

他觉得，如果说生物都是从腐烂污秽的东西里产生，未免也太荒谬了。

与此同时，还有一位热爱实验的神父，他是来自英国的尼德汉（John Turbrville Needham，1713—1781）[2]。

煮沸的肉汤　　　瓶口没有密封　　　等待一段时间　　　长出微生物

尼德汉实验

---

1 拉扎罗·斯帕兰札尼：意大利天主教牧师、生物学家、生理学家。
2 约翰·特布维尔·尼德汉：英国神父、生物学家。

尼德汉神父表示，通过无数次的实验，他发现经过煮沸、暂无生命的肉汤，只要经过一段时间的等待，就能自动自发地跑出微生物来。

所以，请不用怀疑！这些微生物确确实实来自肉汤，生命就是由非生物自发产生的！

但是，永远充满怀疑精神的斯帕兰札尼，在仔细检视过尼德汉的实验过程后，提出了他的看法："你这个实验有瑕疵！"

斯帕兰札尼并不是为了反对而反对，他发现，在软木塞和瓶口之间还留有小小的缝隙，而超越肉眼可见的微小生物，确实有可能通过这样的缝隙进入容器。

因此他认为，肉汤中长出来的那些微生物，也可能来自空气。

微生物的来源：瓶外 VS 瓶内，空气 VS 肉汤

就算一言不合，科学也有科学的解决方式。决斗吧！拿出你的实验！

和尼德汉不同，斯帕兰札尼亲手操刀的实验，绝对会将瓶口完完全全、仔仔细细地密封起来，谁都别想通过这个瓶口！

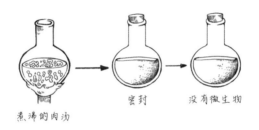

煮沸的肉汤　　密封　　没有微生物

斯帕兰札尼实验

果然如他所料，将瓶口完全密封以后，瓶内的肉汤就不会长出微生物了，直到瓶口再度被打开。

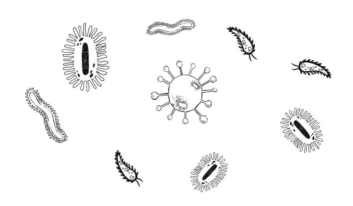

屹立不摇的"自然发生说"

尽管经过两组人马的实验，证明容易"长出"微生物的肉汤，在经过煮沸、密封，隔绝空气进入之后，就不会产生微生物，但"自然发生说"依然屹立不摇。

这当然不是因为当代科学家不够聪明，或是有够铁齿，而是因为时机未到，证据还不够充分。

想要推翻一个既定的观念，无论是信仰，还是已被大众广泛接纳的学说，都是非常困难的。对于斯帕兰札尼的实验，这些"自然发生说"的支持者也予以反击，表示唯有"保持空气流通，生命力才会自然发生"。

也就是说，在斯帕兰札尼的实验中，密封的瓶子会隔绝空气的流通，同时也隔绝了自然的生命力，里面的肉汤当然也就长不出微生物！

事到如今，关于"自然发生说"的种种争议，只好一直等呀等，直到本章的主角——巴斯德（Louis Pasteur，1822—1895）[1]，提出他那著名的"鹅颈瓶实验"之后，才终于尘埃落定，为它画下休止符。

---

1 路易斯·巴斯德：法国微生物学家、化学家，微生物学的奠基者之一。

巴斯德的鹅颈瓶

一开始，巴斯德还遵循着前人的步伐。

他先是重复斯帕兰札尼早已做过的实验，把瓶口里里外外密封起来，将瓶内的一切，比如空气、肉汤，都加热一遍。

江湖在走，实验流程一定要有。经过同样的实验，巴斯德再度表示：煮沸的肉汤中不会产生微生物！

然而，主张"自然发生说"的人们，依然不接受巴斯德这次的实验结果。

他们认为，在巴斯德煮沸肉汤的过程中，瓶内的空气也被高温加热了。这是变质的空气！不纯净，不天然，密封的瓶子再度隔绝了自然与生命力的流动，怎么能够长出微生物呢？

总而言之，想要长出微生物，一定得有清新自然的空气，"自然发生说"的拥护者们振振有词。

 # 巴拉尔的一句话，让巴斯德惊呆了

就在巴斯德伤透脑筋时，他的好朋友巴拉尔（Antoine Balard，1802—1876）[1] 恰好来拜访他。

巴拉尔，这位因为发现溴元素而声名大噪、青史留名的科学家，在听完巴斯德情深意切的烦恼之后，露出高深莫测的微笑。

他平静地对巴斯德说：

"兄弟，这很容易。你只要把玻璃瓶的瓶口拉长，做成天鹅脖子一般的形状，就可以解决了！"

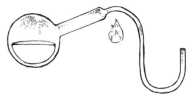

瓶子内外的空气仍然相通

巴拉尔的一句话，让巴斯德惊呆了："你是生物系的吗？"

提出解决方案的巴拉尔笑而不语，吹着口哨，继续解锁他的每日任务：巡视（其他人的）实验室、关心（其他人的）工作情形。

说起来奇妙，此时此刻，突破瓶颈的方式，竟然是创造一个加强版的瓶颈。

---

1 安东尼·巴拉尔：法国化学家，他在 1826 年发现溴元素。

人生有时候似乎就是这样，山不转路转，路不转人转，人不转心转，心不转念转。

看过电影《叶问2》吗？电影中，在洪师傅与世界拳王龙卷风对赛时，叶问一看到洪师傅的洪家拳无法制胜，便立刻建议："不要拼拳，攻他中路！"

不过，叶问的这句话，听起来倒有点像是在推销他的咏春拳。毕竟，咏春拳的精髓，就在于抢中线。

天鹅的脖子解决了一切

扯远了，让我们回到1862年的巴黎，一场盛大的研讨会上。

当着众人的面，巴斯德慷慨激昂地现场演示了这个著名的"鹅颈烧瓶实验"，希望能够证明微生物并不是从肉汤里自发性地"长"出来的，而是从瓶子之外进到肉汤里面的。

按照巴拉尔的建议，这一次，巴斯德将实验用的玻璃瓶制成管口细长且弯曲成S形的鹅颈烧瓶，瓶口并未封闭，空气也可以自由进出。

鹅颈烧瓶的奥妙，就在于虽然瓶口并未封闭，空气和（不

知道存不存在的）自然之力都可以自由进出，但微生物在进入时会掉落在鹅颈弯曲的地方，不会跑进瓶子内，更不会和肉汤亲密接触。

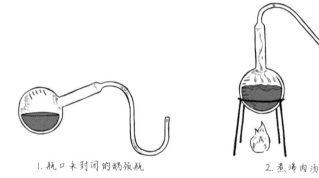

1. 瓶口未封闭的鹅颈瓶　　　　　　2. 煮沸肉汤

　　现在，煮沸的、里面有杂质（也就是微生物）的肉汤有了，流通的自然空气也有了，巴斯德将鹅颈烧瓶与肉汤放到一旁，静静等待。

　　结果显示，装着煮沸肉汤的鹅颈烧瓶内确实没有微生物繁殖，肉汤也没有腐败的迹象。也就是说，就算有自然的空气进出，肉汤也不会自发地长出微生物。

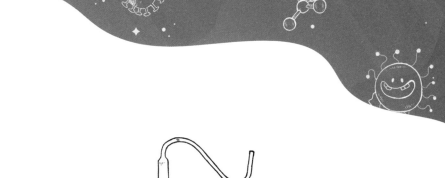

3. 没有微生物生长

不过，可别忘记了，随着空气进入的微生物，其实还在鹅颈烧瓶的 S 形处待命啊！

因此，如果我们把瓶子倾斜，让里头的肉汤能够接触到鹅颈烧瓶的弯管底部，微生物就会如雨后春笋一般，快快乐乐地长出来了。

4. 倾斜瓶子

5. 长出微生物

生物只产生于生物

　　巴斯德推测，这些微生物有可能是利用"孢子"来进行繁殖。巴斯德口中的孢子，并不是我们认识的蕨类孢子或是真菌孢子，而是泛指一种微小的、脱离亲代之后能够萌发生长，变成新个体的微小细胞。

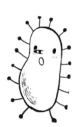

　　现在我们知道，巴斯德认为的微生物孢子其实就是细菌。这些细菌会随着空气进入瓶内，使肉汤腐败。

　　透过这个简单、公开的示范实验，巴斯德让人们清楚地知道，"自然发生说"并不正确。除此之外，这个实验也告诉人们，微生物有什么作用。

　　千万别以为这没什么，不就是煮个东西、动动瓶身。要知道，如果微生物真的可以自行产生，那么，人们对传染病根本无可奈何，更别提想治疗或者预防了。

无所不在的科学

—妈妈说不要玩食物！—

余忆童稚时，老妈总是耳提面命，吃不完的食物千万要记得先加热、放凉之后，再好好收进冰箱。好奇心如猫的我，对于这个做法，总能抛出"百万个为什么"。

老妈说，外婆就是这样教她的。于是我又问，那是谁教外婆的？老妈想了半天，或许是赫然发现，这个问题就算请出祖宗十八代也讲不出个所以然，于是她就叫我赶快洗洗睡，明天去课堂上问老师。

041

冰雪聪明如你，可能已经注意到了。其实，这个加热的动作就是巴斯德的鹅颈烧瓶实验啊！这可是消灭微生物的关键步骤！

好吧，严格来说，这应该是雷迪的实验才对。毕竟我们没有办法把锅子的开口弯成漂亮的 S 形（当然，我也不建议你这么做，家中会有人不开心）。

总而言之，无论是哪种食物，在常温下放得越久，微生物就可能繁殖越多，不要考验你的肠胃，这样的食物食用起来当然不能保证安全。

因此，世界卫生组织（WHO）建议，食物在常温下的存放时间不要超过两个小时。如果一定要放，最好还是利用保鲜膜或保鲜盒进行密封，以隔绝微生物对食物的影响。

1. 微生物：肉眼难以看见、须利用显微镜进行观察

　　微小生物 → 细菌、真菌（霉菌、酵母菌）、原生动物、

　　　　　　　微小藻类、病毒等

2. 生物五大界
　　├─ 原核生物界 → 细菌等
　　├─ 原生生物界 → 藻类、原生菌类、原生动物类
　　├─ 真菌界 → 霉菌、酵母菌、大型真菌（如蘑菇、木耳等）
　　├─ 动物界 → 无脊椎动物、脊椎动物
　　└─ 植物界
　　　　├─ 无维管束植物 → 苔藓植物
　　　　└─ 维管束植物
　　　　　　├─ 蕨类植物
　　　　　　└─ 种子植物
　　　　　　　　├─ 裸子植物
　　　　　　　　└─ 被子植物

3. 原核生物界：没有真正的细胞核

　　细菌
　　├─ 依形状
　　│　　├─ 球菌
　　│　　├─ 杆菌
　　│　　└─ 螺旋菌
　　└─ 蓝细菌（蓝藻）
　　　　├─ 距今约 35 亿年前
　　　　├─ 自营性生物，可进行光合作用
　　　　└─ 目前已知最古老的生物

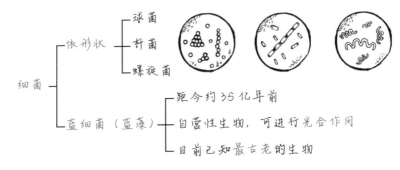

4. 原生生物界 ┬ 藻类 → 植物界的祖先
             ├ 原生菌类
             └ 原生动物 → 依照运动构造分类 ┬ 变形虫类
                                          ├ 纤毛虫类
                                          └ 鞭毛虫类

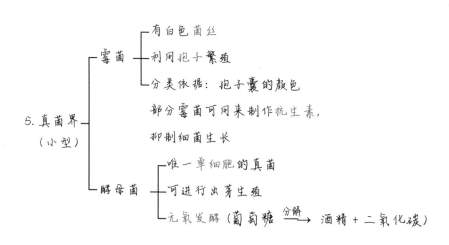

5. 真菌界 ┬ 霉菌 ┬ 有白色菌丝
  (小型) │   ├ 利用孢子繁殖
         │   └ 分类依据：孢子囊的颜色
         │   部分霉菌可用来制作抗生素，
         │   抑制细菌生长
         └ 酵母菌 ┬ 唯一单细胞的真菌
                 ├ 可进行出芽生殖
                 └ 无氧发酵 (葡萄糖 ──分解──→ 酒精 + 二氧化碳)

6. 病毒 ┬ 由蛋白质外壳和 DNA 或 RNA 所组成
       ├ 寄生于宿主细胞中才能生存
       └ 个体极小，须利用电子显微镜才能观察

7. 人体受到微生物攻击时, 引发免疫系统反应

例如: 白细胞 → 利用变形运动, 穿过细胞间隙, 吞噬病原体

8. 动物界

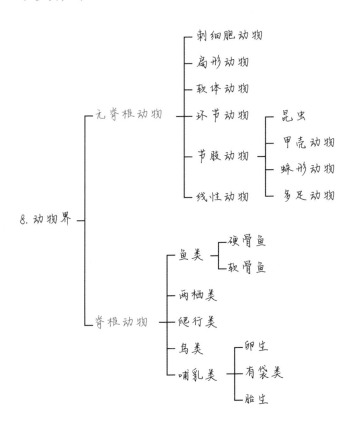

无脊椎动物
- 刺细胞动物
- 扁形动物
- 软体动物
- 环节动物
- 节肢动物
  - 昆虫
  - 甲壳动物
  - 蛛形动物
  - 多足动物
- 线性动物

脊椎动物
- 鱼类
  - 硬骨鱼
  - 软骨鱼
- 两栖类
- 爬行类
- 鸟类
- 哺乳类
  - 卵生
  - 有袋类
  - 胎生

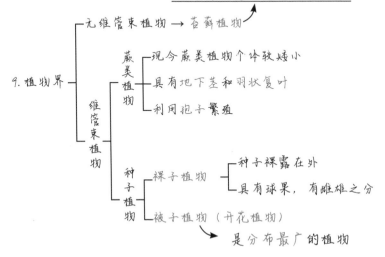

没有真正意义的根、茎、叶

9. 植物界 ── 无维管束植物 → 苔藓植物

维管束植物 ── 蕨类植物
- 现今蕨类植物个体较矮小
- 具有地下茎和羽状复叶
- 利用孢子繁殖

种子植物 ── 裸子植物
- 种子裸露在外
- 具有球果，有雌雄之分

被子植物（开花植物）
是分布最广的植物

被子植物（开花植物）	分类	子叶数	花瓣数	叶脉	维管束	形成层	根系
	单子叶植物	1 枚	3 或其倍数	平行脉	散生	无	须根系
	双子叶植物	2 枚	4、5 或其倍数	网状脉	环状	有	轴根系

大家是否曾经使用望远镜观看过远方的美景？今天的生活小实验，就要教大家如何制作简易的望远镜！

一、实验器材

1. 目镜镜片

→直径 3 厘米的双凹透镜片，焦距为 7 厘米

----

2. 物镜镜片

→直径 5 厘米的平凸透镜片，焦距为 30 厘米

----

3. 自制大、小纸筒

→双面胶　剪刀　直尺

望远镜和显微镜运用
的光学原理十分相
似，也比较容易自己
进行制作！

二、实验步骤

1. 依目镜和物镜的直径大小将纸张卷成筒状，制作成大纸筒和小纸筒。

2. 将凸透镜固定在大纸筒的前端，制作成物镜。

3. 将凹透镜固定在小纸筒的后端，制作成目镜。

4. 大小纸筒制作完成后，再将大纸筒套在小纸筒外。

5. 调整纸筒间距，让凹透镜与凸透镜之间相距 20 厘米。

6. 简易的望远镜完成了！

第三章

纳米是什么米？光年是何年？

此原子非彼原子

只有聪明的人，不，是只有拥有机器的人才看得到！

　　俗话说，"眼见为凭"，除民间习俗或是崇拜超自然的宗教信仰以外，面对无法亲眼所见的事物，人们普遍抱持着怀疑与不信任的态度，过去的科学研究也是如此。

　　前面两章的故事告诉我们，早期的科学专注于眼前看得到、摸得到的明确对象。随着科学技术的进步，时至今日，科学家们反其道而行，投身于肉眼看不见的微观世界中，发掘其中的蛛丝马迹。

"原子"（atom），是组成物质的最小单位。

举凡我们身上穿的衣服、呼吸的空气，甚至是代步的交通工具，这一切的一切，都是由"原子"——这是在我们生活中看不见、摸不着却又确实存在的东西——所构成。

若是你认为书写所使用的"原子笔"（圆珠笔）（ballpoint pen）跟这里的"原子"是一样的话，那可就是"张飞打岳飞，打得满天飞"啦！

万物起源

原子的概念，是距今大约 2400 年前，由希腊哲学家德谟克利特（Democritus，约前 460—前 370）提出。

德谟克利特认为，宇宙中有无限多个质点，它们无法被进一步分解或是破坏。万事万物都是由一大堆（究竟有多少他也不知道）非常微小（小到多小他也莫宰羊[1]）的质点组成。

他将这些质点称为"原子"，或者又叫"不可分割的东西"。他认为，正是因为这些原子大小不一，形状也不尽相同，才造成世间万物存在形态、颜色、味道等种种不同。

---

1 莫宰羊：闽南语，不知道的意思。

或许在德谟克利特的眼中，我们这些麻瓜[1]口中的物质与空间，根本就是原子和虚空。同样的哲学时代，另一位希腊哲学家恩培多克勒（Empedocles，约前490—前430），则依据当时人们对化学较为粗浅的认知，提出了自己的原子理论。恩培多克勒认为，物质是由"火、气、水、土"这四大元素所组成。这四大元素会依据不同的成分与比例混合，构成这个大千世界里的万事万物。

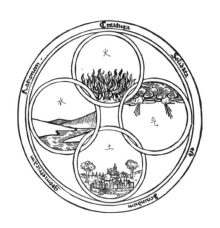

恩培多克勒四元素

---

1 麻瓜：无欲望症候群，回避现实生活，关注内心世界。

用现代的眼光来看，这些与原子相关的学说或理论，根本就是神作——这艰涩难懂的程度，恐怕也只有神才能够通盘理解了——更别提，当代人受教育的比例不高，不够通俗易懂的话，还真没有多少人能够消化。

正因如此，原子论被古代哲学家弃置一旁。之后，欧洲陷入了一段宗教狂热的黑暗时期，一直到 19 世纪，科学研究才再次登上世界的大舞台。

曼彻斯特的骄傲

由于太过微小，可想而知，原子并非显而易见的存在。

1793 年，英国科学家道尔顿（John Dalton，1766—1844）[1] 搬到曼彻斯特，成为曼彻斯特新学院的数学和自然科学教师，揭开了原子研究的序幕。

出身贫穷的他，不仅对数学与自然科学天赋极高，还具备科学家最重要的特质：好奇心。这个特质在他的生活中处处显现，身为一个色盲患者，他甚至好奇地研究自己的视觉缺陷，因此成为第一个发表色盲研究论文的科学家。

---

1 约翰·道尔顿：英国化学家、物理学家，近代原子理论的提出者。

57 年前

57 年后

　　除了自己的疾病，道尔顿也热爱气象研究。终其一生，他都在坚持气象观测，直到他登出人生 online，持续了整整 57 年。

　　有人认为，正是这持续终生的气象研究，让道尔顿对大气的成分产生了兴趣。他那著名的原子论，也是在研究气体的过程中逐渐成形的。

　　在此之前，化学家已经发现并且证实了许多定律，例如著

名的"波义耳定律"[1]"质量守恒定律"[2]"定比定律"[3]等。

　　这些定律为早期的化学界建立起了化学元素的概念,却依然缺乏一个完整的理论来整合说明。

　　1803年9月6日,道尔顿37岁生日这天,他并没有举行宴会庆生,而是写下了原子学说的基本假设。

1 英国化学家、物理学家罗伯特·波义耳(Robert Boyle, 1627—1691)在1662年提出波义耳定律(Boyle's Law),探讨气体压力与体积的关系。
2 被后世尊称为"近代化学之父"的法国化学家安托万-洛朗·德·拉瓦锡(Antoine-Laurent de Lavoisier, 1743—1794)证实了"质量守恒定律",之后更是发表了《化学基础论》(Trait Imentaire de Chimie),定义了物质元素的概念。
3 法国化学家约瑟夫·路易·普鲁斯特(Joseph Louis Proust, 1754—1826)的最大贡献是确立了"定比定律"——每一种化合物其组成元素的质量比是一定的。

道尔顿的原子基本假设，是简明扼要的三项原则。

1. 原子是物质的最小单位，每种元素（element），都是由一种具有特定质量的原子所组成。

2. 当两种元素发生反应，生成不同的化合物时，其中一种元素与另一种元素的质量会构成简单的整数比。

3. 在化学反应过程中不会产生新的原子，也不会有原子消失（或是变成其他原子）。

看好了世界！这是我的原子！

1808 年，道尔顿出版了《化学哲学新体系》（*A New System of Chemical Philosophy*）一书。在书中，道尔顿详细阐述了他的原子论，并且以独特的符号向人们展示他的原子。

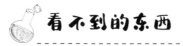

看不到的东西

—还是可以研究的啦! —

　　因为道尔顿的原子论，现在化学家们知道该如何去研究、说明这些肉眼无法观测的物质，也能计算出化合物中每个原子的相对质量，甚至建立起化学反应的概念，例如，氢原子会与氧原子化合，形成我们熟悉的水分子。

　　在道尔顿发表原子论后的第三年，意大利科学家阿伏伽德罗（Amedeo Avogadro，1776—1856）[1] 提出了分子假说，进一步说明了分子的概念，以及原子、分子区别等重要的化学问题，完善了这套理论。

　　化学因此大放异彩，摇身一变，成为当代科学领域的一门显学。原子论，就像被誉为"人类圣经、业界之鉴、创世京紫、本季霸权"的日本动画《紫罗兰永恒花园》一样，成为19世纪初期的化学界中真理一般的存在。

　　原子论和分子假说的横空出世，虽然让看不见的分子和原子变得可以研究，但一直到20世纪初，这些难以观测的分子和

---

1 阿莫迪欧·阿伏伽德罗：意大利物理学家、化学家。发表了"亚佛加厥假说"，提出分子概念及原子、分子区别等重要化学问题，之后证实为定律。

原子，依然让科学家们口沫横飞，争执不休，甚至还有科学家为此抑郁自杀[1]。

现在我们知道，原子论其实并非百分之百的正确，但这依然撼动不了它在科学史上的伟大地位。

阿伏伽德罗："自杀解决不了问题，请珍惜生命，再给自己一次机会。"

---

1 该科学家为奥地利物理学家路德维希·爱德华·波兹曼（Ludwig Eduard Boltzmann，1844—1906）。

宇宙之砖

　　被古希腊哲学家比喻为"宇宙之砖"的原子，在经过道尔顿的打造之后，又历经汤姆生（J.J.Thomson，1856—1940）[1]、拉塞福（Ernest Rutherford，1871—1937）[2]、波耳（Niels Henrik David Bohr Bohr，1885—1962）[3]、查德威克（James Chadwick，1891—1974）[4]等人的巧手，才终于筑成了宇宙之厦。

　　科学的进展就是如此，正因为我们站在前人的肩膀上，才能够看得更高，望得更远。

　　20世纪著名的理论物理学家、诺贝尔物理学奖得主，科学顽童费曼（Richard P.Feynman，1918—1988）[5]曾说："如果这个世界发生了一场大灾难，仅能留下一项科学知识的话，那

---

1 约瑟夫·汤姆生：英国物理学家。因发现了电子并测定其质荷比，获得1906年诺贝尔物理学奖。
2 欧内斯特·拉塞福：生于新西兰，英国物理学家。因对元素蜕变以及放射化学的研究获得1908年诺贝尔化学奖。
3 尼尔斯·亨里克·达维德·波耳：丹麦物理学家。因对原子结构的研究而获得1922年诺贝尔物理学奖。
4 詹姆斯·查德威克：英国物理学家。因发现中子而获得1935年诺贝尔物理学奖。
5 理察·菲利普斯·费曼：美国理论物理学家。因量子电动力学的研究而获得1965年诺贝尔物理学奖。

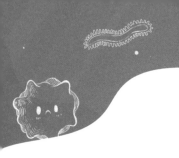

就是原子假说。"

自从道尔顿将"原子"这个烫手山芋抛上近代科学的舞台后，100多年以来，科学家一直都在探讨物质的组成，并且研究它们的性质。

20世纪中期，美籍德裔科学家米勒（Erwin W.Muller，1905—1979）[1] 首先拍到了原子的影像，这是第一次，人们终于亲眼看见了宇宙之砖——这些组成宇宙万物的微粒模样，也宣告着从此以后，人类的拍摄技术进入了原子领域。

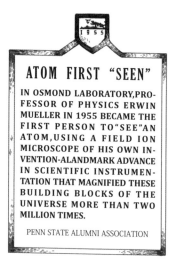

设立在 Penn.State University 的"原子第一次被看到"地标

---

1 欧文·威廉·米勒：德国物理学家。他是第一个利用场离子显微镜（FIM）观察原子的人。

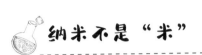

纳米不是"米"

终于进入我们视线的原子，其大小约为人体头发直径的一百万分之一，也就是 0.1 纳米。"纳米"，是英文 nanometer 的译名，"纳"是 nano 第一音节的音译[1]。

"纳米"又被称为"毫微米"，和厘米、米一样，都是长度的度量单位，数学符号为 nm。换算成我们常用的米，一纳米，就等于十亿分之一米。

十亿倍的差距，是什么样的概念呢？让我描述得更具体一些，如果将你手上的弹珠放大十亿倍，那么这颗弹珠的大小，约略等于我们居住的地球。

一般的光学显微镜大概可以观察到约 200 纳米的物体影像，若要更进一步观察到 1 纳米的物体影像，就得借助电子显微镜的力量。

前面我们说过，原子是构成物质的基本单位。因此目前我们的纳米科学与研究，说穿了，就是人类站在原子层次上，重新认识世界。

---

1 有另一种说法是"纳米"的词源来自拉丁文的"nanus"，意思是"矮人"。

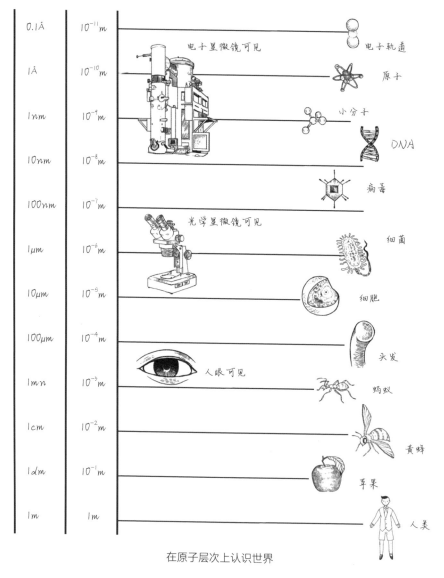

0.1Å	$10^{-11}\,m$	电子轨道
		电子显微镜可见
1Å	$10^{-10}\,m$	原子
1nm	$10^{-9}\,m$	小分子
		DNA
10nm	$10^{-8}\,m$	
100nm	$10^{-7}\,m$	病毒
		光学显微镜可见
1μm	$10^{-6}\,m$	细菌
10μm	$10^{-5}\,m$	细胞
100μm	$10^{-4}\,m$	头发
1mn	$10^{-3}\,m$	人眼可见
		蚂蚁
1cm	$10^{-2}\,m$	黄蜂
1dm	$10^{-1}\,m$	苹果
1m	$1\,m$	人类

在原子层次上认识世界

迎接纳米时代

 —动动手就能操控原子—

纳米不是我们平日吃的稻米，但这门技术所带来的价值与商机，却是稻米的无数倍。

1959 年，费曼在加州理工学院美国物理学会年会上进行演讲，演讲的主题是："底部还有很多空间。"（There's Plenty of Room at the Bottom.）他提道："如果可以按照我们想要的方式排列一个个原子，会怎么样呢？……我深信，当我们能够控制原子的排列时，一切物质的性质范围将会大得多，我们能做的事也会多很多。"

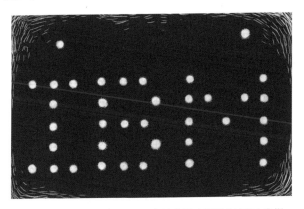

IBM 科学家用 35 个氙原子，在镍金属表面排出 IBM 字样
这是一种能够操控单个原子的技术

如果要为"纳米科学"下一个定义，或许可以说，这是一门研究"尺寸在 1 纳米至 100 纳米之间的微小物质，以及其特有现象与功能"的科学。以纳米科学为基础，无论是制造新材料、新元件，还是生产方法，都被称为纳米技术。

必须注意，1959 年，别说纳米技术本身了，那是一个连这个词都还没被发明的时代。费曼提出的，却是这项技术最早的预言，标志着当代科学家对于纳米技术的无限微小化，以及其应用无限大的想象。

时至今日，"纳米"这个词，在新闻媒体或书刊中已经屡见不鲜，纳米科技更悄悄渗透进我们的生活，无孔不入，不管是什么东西，只要加上纳米，都会变成新潮有趣的玩意儿。

超越尺度的尺度

对于原子世界的探索，是微观世界的极限旅程。如果朝相反的方向出发，往宏观的世界远眺，目的地将会是我们所居住的太阳系，或是其他恒星、星系和星云。

在宏观的宇宙间，各星体的距离远远超乎想象。如果以最常见的千米作为计算单位，那可是会让你算到怀疑人生！

太阳与行星的距离

星球	直径	太阳距离
太阳	140 万千米	---
水星	4878 千米	57.91 万千米
金星	12103 千米	1 亿千米
地球	12756 千米	1.5 亿千米
火星	6794 千米	2.28 亿千米
木星	142984 千米	7.78 亿千米
土星	120536 千米	14.3 亿千米
天王星	51120 千米	28.7 亿千米
海王星	49528 千米	45 亿千米

不相信的话，就来试算一下吧。

假设你站在操场中央，拿一个篮球放在地上，当作太阳，那么我们的地球大约会是 23 米[1] 外的一根大头针[2]（差不多是跑道的位置）。

以同样的比例来看，距离太阳最近的恒星（大小相当于一元硬币），却已经在 6200 千米[3] 之外了！对于生活在我国台湾地区的人们而言，这枚硬币几乎要跑到欧洲去了。可别忘了，这还是距离太阳最近的一颗恒星！

可想而知，当我们将视线望向更广大的空间，试图探索宇宙时，几乎是无法使用日常生活中我们熟知的这些衡量方式的。正因如此，科学家也尝试着用其他有效的方法来衡量宇宙。

---

1 太阳与地球之间的距离约为太阳直径的 107.2 倍，那么同比例缩小后，地球到太阳的距离将会是 107.2×21.8 ≈ 2337 厘米（等于 23.37 米）。

2 大头针的直径是 0.2 厘米，把地球直径缩小到 0.2 厘米后，因为太阳的直径是地球直径的 109 倍，那么同比例缩小后的太阳的直径将是 0.2×109 = 21.8 厘米，相当于一个篮球的大小。

3 距离太阳最近的恒星为位于半人马座的"比邻星"（Proxima Centauri），直径 214,550 千米，距离我们约 4.22 光年，相当于 40 兆千米，大约为太阳直径的 28,571,428.5 倍。同比例缩小后，此时的距离将会是 28,571,428.5×21.8 ≈ 622,857,141 厘米（约等于 6,229 千米）。

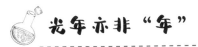

光年亦非"年"

在广袤的宇宙间，星体彼此的距离实在太过遥远，因此天文学家并不使用千米，而是以"光年"（light year）这个新的测量单位来表示星星与星星之间的距离。要注意的是，虽然光年有个"年"字，但并不是时间单位哦！

那为什么不叫"猫猫年"或"天竺鼠车车年"呢？这是因为，在真空中，"光"传播的速度为每秒钟约30万千米，可以说是人类已知的世界中最快速的。想想，秒针才跳了一格，光已经绕行地球七圈半了，这个速度够惊人吧！

换句话说，天文学上所谓的"光年"，其实就是光行进一年可以达到的距离，若换算成千米的话，差不多是九兆四千六百亿千米！

回到前面的星体距离，如果我们拿"光年"当作单位的话，距离我们最近的恒星——半人马座的"比邻星"，与我们相隔约4.22光年。看吧！这不是简单多了吗？原本你可是要写成40,000,000,000,000千米，这么一长串的数字，够吓人的吧！

无所不在的科学

－隐形斗篷不是梦－

在《哈利·波特》中，主角哈利·波特有件隐形斗篷，只要披上它，其他人便看不到哈利。在过去一个世纪里，科学家一致认为，这种隐形斗篷只存在于魔法世界，不可能出现在现实世界中。但是，在不久的将来，这样的"不可能"其实也可能改变！

根据马克士威方程式（Maxwell's equations），隐形是一种与物体内部原子有关的性质，不太可能透过一般的方法发生，必须经过特殊的处理，但步骤十分困难，就算你是《魔戒》里的白袍巫师甘道夫，也一样莫可奈何。

但总想化不可能为可能的科学家们，还是尝试着要透过被称为"超材料"（Metamaterial）的新奇玩意，来实现人类的隐形梦想。

超材料，是一种具有特殊光学性质的人造材料，其超常物理性质是天然材料所不具备的。1967年，由苏联科学家菲斯拉格（Victor Veselago）所发明。

超材料的原理，是在一般的材料中植入细小的植入物。这个植入物的结构以及它的尺寸，会造成电磁波的非常态转弯现象，并且决定超材料的奇特性质。

　　说穿了，这个植入物的存在，其实就是为了操控折射率
（index of refraction）。

　　大家都知道，光在进入介质时，方向可能会产生改变，也
会影响光在介质中的行进速度。介质的密度越大，折射率越高，
光转弯的幅度也就越大。

　　举个大家耳熟能详的实验：将一根吸管放入水中，因为介
质（水和空气）的不同，造成了光的偏折，我们透过水看见的影
像，就会和吸管本身有些偏差。

正常水（正折射率）中的吸管

根据这个道理，如果我们能够精准控制超材料的折射率，或许就能让光线如蛇一般，在进入物体之后，以非正常的角度弯曲，在物体周边不断地绕行。

　　如此一来，眼睛无法接收到物体反射的光线，也不能形成影像，自然也就看不见这个物体，物体也就成功隐形啦！

　　听起来好像可行，但是想做到这一点，前提是要让折射率变成负值。当然，这种颠覆了对光学定律既定认知的奇思妙想，也只有超材料才能够实现。

在负折射率水中的吸管

　　前面提过，植入物的大小至关重要，在这么细微的尺寸之下，需要的就不是巫师的法术，而是能够操控原子的纳米科技，才能进行如此精密微小的改造。

知识百宝箱

1. 物质型态：固态、液态、气态

道尔顿原子说

2.
- 原子不可分割
  - 修正 → 质子、电子、中子（可再分割）
- 各原子间的组成比例，必为简单整数比
  - 修正 → 非计量性化合物（非简单整数比）
- 特定原子具有特定的质量
  - 修正 → 同位素（相同原子有不同质量）
- 反应前后，原子重新排列组合，不会产生新的原子
  - 修正 → 核裂变反应（产生新原子）

原子不可分割!

3. 原子的质量 —— 主要集中在原子核
　　　　　　 —— 约略等于质子 + 中子的质量总和
　　　　　　 —— 电子质量约为质子质量的 1/1840

4. 原子的体积：取决于电子活动的范围

5. 粒子直径的大小：决定是否可为肉眼所见
　　　　　　 ┌ PM$_{10}$ → 直径小于 10 微米（μm）的粒子
　　　　　　 └ PM$_{2.5}$ → 直径小于 2.5 微米（μm）的粒子

6. PM$_{2.5}$ —— 又称为 "细悬浮微粒"
　　　　　　 —— 容易吸附有害物质
　　　　　　 —— 因为体积小，所以具有极强的穿透力
　　　　　　 → 可穿透肺部气泡，直接进入血管，
　　　　　　　　随着血液循环全身

7. 推翻"原子不可分割"论点:

原子内还有其他粒子存在

- 汤姆生 → 发现原子核外带负电且自由移动的电子
- 拉塞福 → 发现原子核内带正电的质子
- 查德威克 → 发现原子核内不带电的中子

8. 推翻"各原子间的组成比例,必为简单整数比"论点: 非计量性化合物

→ 非计量性化合物各原子间, 组成比例为小数比

9. 推翻"反应前后, 原子重新排列组合, 不会产生新的原子"论点: 核裂变反应

→ 因为中子的撞击, 产生与反应物不同的原子

10. 推翻"特定原子具有特定的质量"论点: 同位素

→ 同位素的质子数、电子数与电子结构皆相同,
   但中子数不同

11. 光年 ┬ 距离单位
        ├ 光行走一年的距离
        └ 通常用来表示星球间的距离

12. 太阳系：依据离太阳的远近，依序为
        → 水星、金星、地球、火星、木星、土星、天王星、
        海王星

13. 类地行星 ┬ 离太阳较近
          ├ 密度较大，体积较小，多由金属和岩石组成
          └ 如：水星、金星、地球、火星

14. 类木行星 ┬ 离太阳较远
          ├ 密度较小，体积较大，多由气体和冰组成
          └ 如：木星、土星、天王星、海王星

生活小实验

温柔的星空、美丽的月亮和璀璨的太阳，点缀了你我的生活。大家是否知道，太阳系的各个星体和太阳之间的远近距离？今天，生活小实验就要来教大家制作漂亮的太阳系行星尺！

一、实验器材

1. 保丽龙球
→可依星体体积大小，准备不同大小的保丽龙球。

- -

2. 长保丽龙板
→依照设定的比例尺，换算出太阳至海王星的比例尺长度。

- -

3. 皮尺

4. 大头针、快干胶

- -

二、实验步骤

1. 将各保丽龙球依各星体大小配对。

2. 将保丽龙球分别彩绘成太阳、水星、金星、地球、火星、木星、土星、天王星、海王星。

3. 待保丽龙球上的颜料风干后，给保丽龙球粘上大头针。

4. 以光年为比例尺，等比例换算出各星体距离太阳的距离。

5. 利用皮尺，在长保丽龙板上标示太阳与星体的位置。

6. 在长保丽龙板的最左端，插上代表太阳的大头针。

7. 依星体与太阳的相对距离，插上彩绘后的星体保丽龙球。

8. 漂亮的太阳系行星尺制作完成。

第四章

吃进肚子里的人体奇航

超猎奇实验

"饿了就吃，渴了就喝"，这是人类生存的本能。虽然我们知道，吃喝拉撒都跟消化系统息息相关，但对于吃进去到拉出来的过程，大部分的人应该都习以为常，没有过多关注。

但是，人吃五谷杂粮，哪有不生病的？举凡嘴破喉咙痛、腹痛拉青屎等大大小小的毛病，其实都严重影响着我们的生活。

因此，消化系统也是最早为人所知的系统。

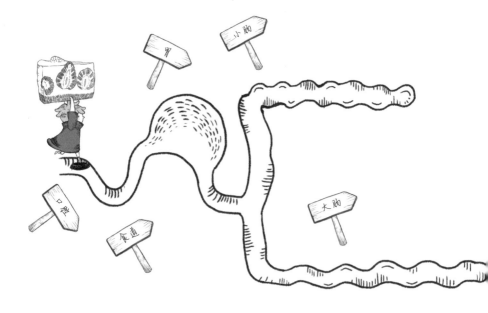

想象一下，我们的消化道其实就像一条长长的输送带。

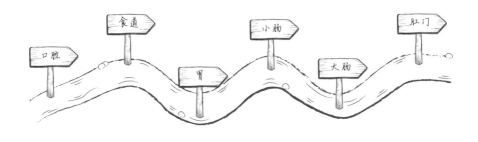

　　在我们的口腔中，食物经过咀嚼、吞咽，之后一路往下，经过食道、胃、小肠、大肠，最后到达肛门。这些输送带上的消化器官，以及唾液腺、肝脏、胆囊、胰脏等分泌器官，就构成了人体的消化系统。

　　我们对于消化系统的研究，背后的功臣其实是100多年以前的一位搬运工，他经历了长达8年、多达238次人体实验的苦难。到底是谁在这位苦命的搬运工身上进行如此漫长的人体实验？难道没有其他的方法来研究消化系统了吗？

　　在回答这个问题之前，让我们先回顾一下早期的医学史。

盖伦医学根本神作

—（神经病作品）—

16 世纪以前，受到体液学说（humorase theory）[1]与盖伦（Galen，129—199）[2]医学的影响，科学家们对于消化系统的功能，以及相关疾病的解释，提出了许多脑洞大开、令现代人捧腹大笑的猜测。

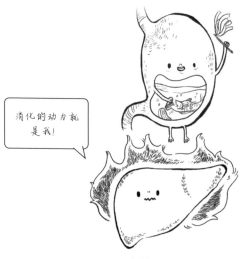

消化的动力就是我！

燃烧吧！肝脏！

---

1 起源于古希腊的医学理论，认为人体是由血液、黏液、黄胆汁和黑胆汁四种体液构成。四种体液在人体内失去平衡就会造成疾病。

2 克劳迪亚斯 - 盖伦：古罗马的医学家及哲学家。

举例来说，古希腊科学家认为，像胃这样既干燥且寒冷的器官，如果想要消化食物，就需要位于下方的肝脏来进行加温，就像用烤箱烹煮食物。他们也认为，胃可以像动物一样在腹腔内自由移动。

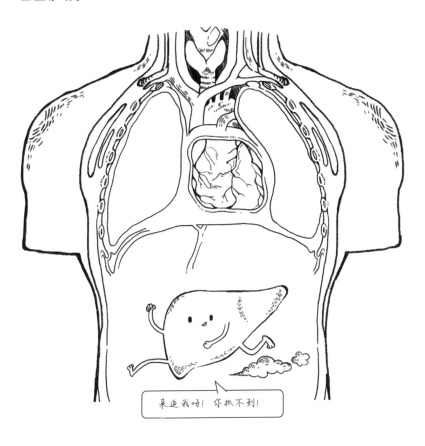

尽管这些猜测看起来可笑至极，但科学家对于消化系统的研究也不是毫无进展。

文艺复兴时期，达·芬奇（Leonrdo da Vinci，1452—1519）曾经绘制过相当详细的胃肠解剖图，但他却误认"呼吸是由小肠产生的废气造成"。安德烈·维萨里（Andreas Vesalius，1514—1564）也曾通过人体解剖，详细描述了肠子的构造，但是他却说不清楚肠子的长度，以及肠壁的构造等问题。

胃是怎么消化食物的

关于"胃是怎么消化食物的"这个问题，科学前辈们也提出了种种奇想。

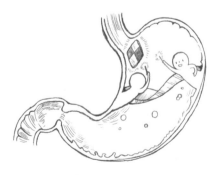

起床工作了哦！

有些人觉得，胃是利用类似发酵的化学作用来进行消化的。也有些人认为，胃壁的表面粗糙不平，起到一种类似研磨的机械作用，把吃下去的食物磨碎。

由于当时的医学发展尚无法解决这些争论，因此最后依然无法摆脱"生机体以神秘的力量控制消化"这类玄学的说法。

就在此时，关于消化的研究，有了一个划时代的发现。

1642 年，德国医生韦生（J.G.Wirsung，1589—1643）在解剖尸体时，发现了一条由胰脏通往小肠上端的管子——胰管（pancreatic duct）。

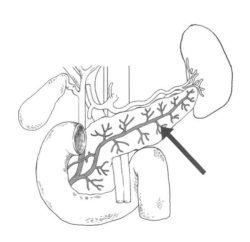

韦生发现的胰管

韦生推测，胰脏分泌的一种液体或许与食物的消化有关，因此会经由胰管的导引来到小肠。为了纪念他的发现，胰管又被称为韦生氏管，这是后话。

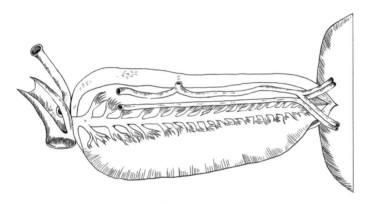

韦生绘制的胰管

不久，荷兰莱顿大学的医生 —— 弗朗西斯·西尔维斯（Franciscus Sylvius，1614—1672）借由实验，发现了韦生所说的"胰脏分泌的液体"，也就是胰液。

西尔维斯摒弃了神秘力量之说，认为消化过程应该是一种由唾液所引发，在胆汁与胰液的协助之下进行的发酵作用。虽然他的理论过分强调唾液的角色，忽略了胰液的重要性，却已经十分接近现代的消化概念了。

不顾老鹰的反对……

18 世纪时，法国科学家雷奥米尔（Reaumur）进行了以老鹰为实验动物的消化作用研究。这个实验是利用老鹰一类的猛禽经常出现的"吐食茧"[1] 行为，来进行胃液的消化研究。

肉食动物在进食之后，会将自己无法消化的东西（例如毛发、骨头）集结成类似蚕茧的形状，再从口中吐出体外。雷奥米尔利用这个特性，将肉团塞入覆有金属网的金属圆筒中，并将两端塞紧，让老鹰吃下。

等到老鹰吐出金属圆筒后，雷奥米尔发现，金属圆筒中的肉团确实产生了分解的现象。

因此他认为，既然有了金属圆筒的保护，肉团的分解不可能单纯是因为胃部研磨的机械作用，而是胃液对肉团产生了影响。

---

1 鸟类或是其他肉食动物将无法消化的东西集结成"食茧"（Pellet），再从口中吐出的行为。

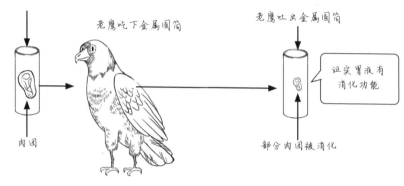

上下用金属网塞紧
的金属圆筒

肉团

老鹰吃下金属圆筒

老鹰吐出金属圆筒

证实胃液有
消化功能

部分肉团被消化

雷奥米尔的实验

为了进一步验证他的想法，他接着让老鹰吞食海绵，收集那些被老鹰吐出、富含老鹰胃液的海绵，然后将肉团浸入这种液体里。

果不其然，被浸在老鹰胃液中的肉团，也产生了分解的现象。

根据雷奥米尔的实验，人们得出了"食物的消化，是一种化学过程"这个结论，这可以说是人类对食物消化研究的开端。

圣马丁登场

一直到 19 世纪初，虽然科学家们陆陆续续做了不少实验，但这些实验都相对零散，人们对人体内部器官的功能作用、相关知识的认知依然十分模糊。

虽然如此，科学研究的脚步也从未停止，在人体消化的诸多研究之中，有一桩超猎奇的人体实验，为这个领域做出了举足轻重的贡献。

"究竟，这是命运无情的捉弄，还是贪婪的欲望在作祟，或是另有隐情，真相到底是什么？让我们继续看下去。"

1822 年的夏天，美国内科医生威廉·博蒙特（William Beaumont）收到紧急召唤，要去处理一名加拿大籍年轻船员的伤口。这位倒霉的老兄名叫圣马丁（Alexi St.Martin），猎枪意外走火，导致大量的弹丸进入了他的左胸腹之间，不仅弄断了他两根肋骨，也在其胃部开了个砂锅般大的洞，未消化完的早餐全都哗啦哗啦地流了出来。

虽然博蒙特医治枪伤的经验十分丰富，但他认为，圣马丁这个腹部的伤口相当严重，估计很难活下来，不如等等带去河边……啊，不是啦，而是根据身为医生的判断，他应该撑不过 36 小时。

令人惊讶的是，人品大爆发的圣马丁竟然奇迹般地存活下来，还逐渐恢复了健康。

 ## 肚子有洞总比脑子有洞好

圣马丁虽然活了下来，但他的胃壁与腹壁在愈合时，于开口处相连，留下一个直径约两厘米、与外部相通的孔洞，医学上称为"瘘管"（fistula）。

肚子有洞的圣马丁

因为瘘管的存在，虽然胃中的食物不会掉入腹腔，但从此以后，无论圣马丁吃什么，都会从瘘管漏出体外。

可怜的圣马丁，在肚子有洞以后，只能拿纱布盖住这个开口，才能让食物留在胃里。

一开始，博蒙特并没有意识到这个洞的医学意义，但随着时间一点点过去，他逐渐知道，这可是一窥人体内部运作情况的绝佳机会。

我好兴奋呀，我好兴奋呀！

博蒙特

1825 年 8 月，博蒙特抓住良机，开始经由这个孔洞观察圣马丁的胃，一如他自己的描述："我可以直接观察到胃部的运动情况与消化过程！"

　　在这段时间，博蒙特会抽取圣马丁的胃液，测量胃液的温度和酸度，甚至将胃液装入小瓶子中，寄送到美国或者欧洲，让不同的科学家进行研究分析。

　　博蒙特也会时不时地用丝线绑住不同种类的食物，像钓鱼一样，从瘘管送入圣马丁的胃，再拉出来观察（很过分吧！不要玩食物！小朋友千万不要学哦！），同时记录并计算消化每种食物所需的时间。

博蒙特从圣马丁的胃瘘管里抽吸胃液

来来去去，是在打招呼？

毫不意外，这样的侵入性实验让身为实验对象的圣马丁感到十分无助和难堪，决定不辞而别，离开被实验的人生，回到加拿大，结婚生子。

同一年，博蒙特将这个特别的案例与研究发表在《医学记录》（*The Medical Recorder*）上，引起广泛关注，也让他一夕成名。

为了抓住这个难得的机会，博蒙特不愿意放过圣马丁，他不断地写信，并且派人连哄带骗，将圣马丁一家人带回美国，软禁在博蒙特自家的住所。

这个时候，距离圣马丁受伤已经过去了 7 年之久。然而，这个"瘘管"依然是"整丛好好——无挫"，并没有愈合或者改变，这让博蒙特开心极了。

在接下来的一年半时间，圣马丁又接受了更多的实验，一直到 1831 年 4 月，圣马丁一家人因为思乡心切，决定离开美国，返回加拿大。

圣马丁这毅然决然的一走，让博蒙特很生气，使他有种被背叛的感觉。

他仍不死心，决定动用私人关系，"调"出一个军中的职缺给圣马丁，并给予圣马丁每个月 12 美元的薪水，作为他接受实验的补偿。

因为酗酒而导致生活贫穷潦倒的圣马丁，最后还是接受了博蒙特的提议。只不过，人体实验的滋味恐非常人能够想象，在进行了几次实验之后，1833 年年底，圣马丁再次跟博蒙特 say goodbye（说再见），这也是他们的最后一次合作。

博蒙特并未放弃，在接下来的 20 年中，他依然持续地给圣马丁写信，希望圣马丁能接受更进一步的实验。为了达到目的，他甚至派出自己的儿子亲自到加拿大寻访圣马丁。

然而双方条件始终谈不拢，博蒙特的人体实验计划也因此搁浅。

是你的胃成就了我

虽然博蒙特的计划并未完整执行，但是在 1825 年到 1833 年整整 8 年的时光中，博蒙特对圣马丁进行了 238 次人体实验，并将结果写成《胃液和消化生理学的实验与观察》（ *Experiments and Observations on the Gastric Juice and the Physiology of Digestion* ）一书。

在这本书中，博蒙特列举了 51 条关于消化的推论，包括胃在各种条件下的活动情况以及胃液的作用，堪称研究消化生理学的经典专著。

这本书，不仅终结了过去对于"消化作用是否依靠生物器官中某种神秘力量"的争论，也表明了消化是"只要有一定的胃液和相对应温度，就能够进行"的一个独立过程。

博蒙特的成功，或多或少带有些许运气成分。虽然胃和食道直接相连，但想要直接研究消化作用却很困难，圣马丁的胃瘘管刚好提供了一个得天独厚的条件，让博蒙特得以长期观察食物的消化情形，因此获得相当重要的研究成果。

以今日的观念来看，想要在人体上做出"瘘管"，借此进行医学研究的这个念头，不仅不切实际，也违背了应有的医学

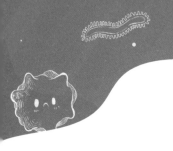

伦理。

不过，虽然人类不行，将这样的实验运用在动物朋友们身上却是可行的。即便动保团体可能会表示反对（Animal Lives Matter），科学家们还是义无反顾地进行了。这就是巴甫洛夫（I.P.Pavlov）的成名代表作。

巴甫洛夫的狗

1889 年，巴甫洛夫在狗的食道与胃部分别做了几条"瘘管"。

如此一来，这些狗吞下的食物都会从食道瘘管漏出，无法进入胃里。人类可以经由胃瘘管，收集实验狗流出体外的胃液，以供测定。

根据巴甫洛夫的研究，人们发现，当实验狗吃东西时，纵使食物没有真正进到胃里，依然可以刺激胃液的分泌。如果继续吃东西，胃液也会继续分泌。

由此可知，刺激胃部进行分泌的，其实是"食欲"，也就是神经系统。

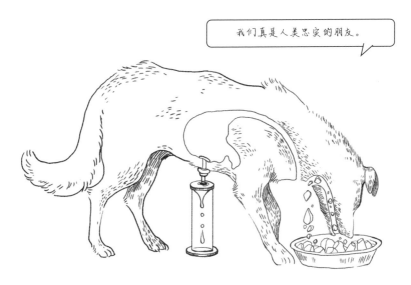

巴甫洛夫的狗：胃与食道瘘管

接着，巴甫洛夫又切开胃的一小部分，缝合成一个独立的小胃，这种小胃被称为"巴甫洛夫小胃"（Pavlov's pouch）。

巴甫洛夫曾留学德国，师从著名的消化生理学家海顿汉（Rudolf Peter Heidenhain），和海顿汉用来进行胃液研究的"海顿汉小胃"（Heidenhain pouch）不同，巴甫洛夫的小胃依然保留神经，也没有和主胃完全分离。

除了保留神经，巴甫洛夫还在小胃上做出一个通往体外的瘘管。如此一来，当食物进入主胃时，人工制造的小胃也会对食物产生相同的反应，食物却不会进入小胃之中。

借由这个实验，巴甫洛夫发现，不同的食物种类，刺激胃液分泌的能力、时间与峰值有所不同。举例来说，肉类能刺激胃部分泌较多的胃液，而面包则会刺激胃部进行短暂且少量的胃液分泌。

此外，巴甫洛夫也发现，虽然体型或食欲对胃液的分泌也会造成影响，但反应的方式依然相同。

1897 年，巴甫洛夫发表了《主要消化器官功能论文集》（*Lectures on the Work of the Main Digestive Glands*）。

在书中，巴甫洛夫清楚地描述并且呈现了食物在肠胃等不同器官中的消化程序，以及消化腺的分泌，甚至是神经系统的影响。

1904 年，巴甫洛夫以对消化生理的研究，获得了诺贝尔生理学或医学奖。

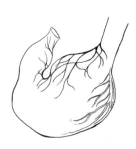

正常的胃

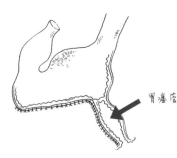

缝合缩小，并做出瘘管的胃

胃瘘管

无所不在的科学

☆— 黑科技？胃部有洞的牛！ —☆

瘤胃开窗手术（rumenostomy），这是一种应用于解决牛的消化问题或者进行生理研究的手术方式。

我们知道，牛有四个胃，这个手术其实就是在能产生消化液的"瘤胃"上开一个洞。当牛的消化系统失去功能，需要人为补充其他牛的瘤胃液时，这些瘤胃开有窗口的牛，也是很好的供应来源。

我还没在手术同意书上盖蹄印哟！

知识百宝箱

消化系统

消化道　　　消化腺

初步分解淀粉　口腔　　　　唾液腺　唾液

食物进入食道　咽

推进食物　食道　　　　　肝脏　胆汁

初步分解蛋白质　胃　　　　胃腺　胃液

分解吸收养分　小肠　　　　胰腺　胰液

吸收剩余水分　大肠　　　　肠腺　肠液

排遗　肛门

1. 消化作用：人体将大分子物质分解成小分子物质，方便细胞吸收

2. 消化系统
- 消化道
  - 进食时，食物在体内通过的管道
  - 口 → 咽 → 食道 → 胃 → 小肠 → 大肠
    → 肛门
- 消化腺
  - 分泌消化液，协助物质的分解
  - 唾液腺、胃腺、肝脏、胰脏、肠腺

3. 酶
- 化学本质主要为蛋白质
- 可促进代谢反应进行，协助物质分解或合成
- 反应前后本质不会改变（可以重复使用）
- 易受
  - 温度
  - 酸碱度
  → 影响 → 例如：嗜酸酶、嗜碱酶……
- 具有专一性，特定的酶只能分解特定的物质

- 淀粉酶 → 协助淀粉的分解
- 蛋白酶 → 协助蛋白质的分解
- 脂肪酶 → 协助脂质的分解

提供适合的酸碱度

4. 胃腺：可分泌胃液
- 呈强酸性
- 内含可分解蛋白质的蛋白酶
- 在胃中将蛋白质进行初步分解
- 食物在胃中呈糜状，又称食糜

5. 肝脏：分泌不含酶的胆汁，储存于胆囊中

可协助乳化脂肪

6. 小肠
- 人体分解物质和养分吸收的主要场所
- 有肠腺（小肠腺）
- 脂肪主要在小肠进行分解
- 小肠内壁 → "绒毛" → 增加养分吸收表面积

7. 大肠：吸收水分，并使食物残渣等形成粪便

位置	消化腺	消化液	酶	功能
口腔	唾液腺	唾液	淀粉酶	初步分解淀粉
胃壁	胃腺	胃液 （酸性）	蛋白酶 （嗜酸）	初步分解蛋白质
肝脏	肝脏	胆汁	×	储存在胆囊中， 可协助乳化脂肪
胰脏	胰腺	胰液	胰淀粉酶 胰蛋白酶 胰脂肪酶	分解淀粉 分解蛋白质 分解脂肪
小肠	肠腺 （小肠腺）	肠液	肠淀粉酶 肠蛋白酶	分解淀粉 分解蛋白质
大肠	×	×	×	吸收水分
肛门	×	×	×	排遗

生活小实验

都说人是铁饭是钢，大家每天都要进食，你是否想过，食物会在人们体内停留多久呢？想想看，进食后的平均排遗次数，代表什么意思呢？

一、实验器材

1. 素食食材

2. 荤食食材

3. 计时工具

二、实验步骤

1. 实验分两周进行，一周使用素食食材，一周使用荤食食材。

2. 进行测量的前一晚，于 22:00 之后空腹，不再进食跟饮水。

3. 测量当日，从早餐开始，记录每一次进食和排遗的时间。

4. 绘制消化流程图，根据实测时间，预测每个区段所需要的时间。

5. 完成素食周与荤食周两次实验的实验记录，进行探讨。

    A. 比对素食周与荤食周数据上的差异。

    B. 探讨实测数据与预测数据的落差原因。

    C. 根据实验数据，探讨进食情况与消化时间的关系：

        C-1. 平均排遗时间

        C-2. 蔬果进食量

        C-3. 进食量

        C-4. 正常排遗或腹泻次数

    D. 探讨在操作执行上，可能造成数据误差的原因。

第五章

维萨里的挑战

来自小宇宙的革命

在人体内，血液从心脏出发，以反复循环的方式在体内流动：经过动脉之后，抵达各器官的毛细血管，流经静脉后再回到心脏，接着再流过肺动脉，抵达肺脏，经过肺静脉后，再次回到心脏。

日复一日，年复一年，血液在心脏与血管之间重复着相同的行进路线。

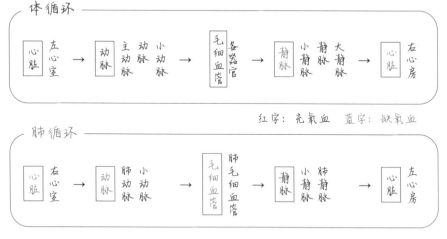

体循环

心脏 左心室 → 动脉 主动脉 小动脉 → 毛细血管 各器官 → 静脉 小静脉 大静脉 → 心脏 右心房

红字：充氧血　蓝字：缺氧血

肺循环

心脏 右心室 → 动脉 肺动脉 小动脉 → 毛细血管 肺毛细血管 → 静脉 小静脉 肺静脉 → 心脏 左心房

这个合理又不太复杂的现象，放在现代，是大家都熟知的医学知识，只不过在 400 年前，这可是个连医生都不知道的人体秘密。

在科学求真求实的道路上，往往充满荆棘和坎坷。人类对于心脏、血液与循环系统的认识，也一直都是在黑暗中摸索前进。

1543 年，哥白尼（Nicolaus Copernicus，1473—1543）的《天体运行论》出版，挑战了宗教神学在大宇宙领域下历经长期岁月建立的权威。同年，维萨里（Andreas Vesalius）的《人体的构造》（*De Humani Corporis Fabrica*）则展开了一场与盖伦医学的科学革命。

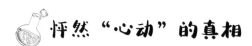

怦然"心动"的真相

亚里士多德在他的著作中描述了心脏的构造，以及心跳与脉搏等相关现象。古希腊人也知道，一旦心脏停止跳动，人类的生命也就跟着拜拜了。

但是当时的人们并不清楚，血液和这块拳头大小的红色肉团有什么关系。除此之外，古希腊的医生也发现了与心脏相连的动脉和静脉。

然而，当时的人们仅能解剖人类或者动物的尸体，透过这个方式来累积知识，却从未亲眼瞧见跳动中的心脏，以及血液在血管中的流动情形。

因此，他们错误地认为，动脉的管壁之所以较为厚实并且富有弹性，是为了要将活泼、具有穿透性的"元气"限制在内，并传送到全身。

古希腊人所说的元气，其实就是灵魂。他们认为，人类的灵魂会随着最后一口气离开身体，然后死去，因此用元气（pneuma）来代表灵魂。

至于管壁较薄的静脉，古希腊人则认为，它担负了输送血液的任务。但我们知道，人类一旦死亡，血液便不会再注入动脉，静脉也会因为动脉的收缩而变得充满血液，特别是进出肝脏的静脉。

前面提过，古希腊人对心血管系统的研究，是借由解剖尸体来累积知识，他们也因此误认为：在人类的动脉之内，充满了由肺部进入血管的空气。至于血液，则是由肝脏制造，经由静脉的输送之后，才能供应至人体全身的器官。

称霸欧洲的盖伦医学

2 世纪时，古罗马的医学专家——盖伦认为：食物会在胃中进行消化，变成乳糜，经由肝门静脉的运送来到肝脏，再变成血液，存在于静脉中。

盖伦也认为，血液经由静脉运送到右心脏之后会兵分两路：一路流入肺部，与人体呼吸进入的空气交互作用，最后在心脏中形成"生命元气"；另外一路则会经过心室中的孔道，抵达左心脏，再借由动脉的运送来到脑部，最后进入神经系统。

　　盖伦综合了古希腊盛行的体液学说，以及自己对于解剖动物的研究与观察，建立了一套完整的医学理论，影响了在他身后至少1400多年的欧洲医学界。

　　这期间，盖伦被公认为医学界的权威，人们更是将他的著作奉为圭臬。

　　由于他的理论也带有相当程度的宗教色彩，因而得到教会的支持，要是谁敢对盖伦的看法提出异议，那他可能会性命不保。

据说绝对不会错的盖伦医学理论

文艺复兴时期以前，教会认为人体是上帝创造的最完美产物。因此就算是为了医学研究，教会也不允许对人体磨刀霍霍、随意切切割割的解剖行为。

一直到文艺复兴时期，一些意大利城邦的医学院才终于开设了人体解剖课程，允许每年对少数死刑犯进行解剖研究。随着解剖研究的发展，越来越多的观察指出了盖伦医学的错误，人体还有更多的未解之谜。

而解谜的故事，要从一名偷尸体的学生开始说起。

 ## 人点烛，鬼吹灯，鸡鸣灯灭不"盗尸"

午夜时分，城外一座专门处死犯人的绞刑台前，一位蒙面人上下打量着一具高挂的尸体，接着抽出一把利刃，唰的一声割断了绞绳，尸体失去牵引，笔直地落在地上，他立刻上前背起尸体，随即消失在夜色之中。

半夜寻找遗骸，对这位正在巴黎大学研读医学的 19 岁青年——维萨里而言，早已习以为常。

维萨里出生于布鲁塞尔的一个医学世家，他的祖父与父亲都曾经为神圣罗马帝国皇室效力。他先是在鲁汶大学攻读艺术，之后才转往巴黎大学改修医学。

　　然而，巴黎大学的医学教育令他非常失望，因循守旧的教授们只会捧着手里的盖伦著作照本宣科。对于学生的发问，就用NPC[1]的口吻回答："毫无疑问，你想要的知识全都在这本书里！"

1　NPC：Non-Player Character，指角色扮演游戏中，非玩家控制的角色。

每逢人体解剖课，为学生示范、执行操刀的竟然不是教师，而是不懂医学的理发师。教师只是坐在讲台前的高椅上，念盖伦的教科书给学生听。

同学，要不要顺便剪个头发？

除此之外，用来示范解剖的材料，也多半是狗或猴子等动物的尸体。更糟糕的是，学生只能在一旁看着遗体组织与器官干瞪眼，无法亲自动手操作，整个教学过程错误百出，让人郁闷。

我就是天生苟谷（反骨）

对于这样的教学质量与研究风气，维萨里非常反感，决定亲自动手研究解剖。然而，当时供教学解剖的尸体还很稀少，加上法律明文规定，盗尸者会被处以重刑。维萨里只好自己设法偷偷弄来尸体进行解剖实验。

为了解剖，维萨里曾经在墓地翻掘尸骨，和野狗争抢遗骸；也曾经为了拼凑一副骨骸，大半夜一个人跑到绞刑台上，捡拾一具被鸟啄食过的犯人骨头，偷偷摸摸地一块一块运回去，藏在学校宿舍的床底下。

耗费许多时间，大着胆子收集而来的解剖材料，让维萨里得以详细地研究人体结构，并且从中获得大量珍贵的知识与经验，解剖技巧也越来越纯熟。

1536 年，因为战争的关系，维萨里转往当时欧洲的医学中心——帕多瓦大学就读，隔年取得博士学位。在获得学位之后，维萨里也获聘成为帕多瓦大学的教师，专门讲授外科和解剖学。

鉴于自己的求学经验，维萨里非常厌恶当时那种"只动口，不动手"，从不验证知识正确性的医学教育风气。他认为，真正的知识来自解剖台上的真实人体，唯有亲手体验，才是追求知识真理的正确途径。

要是维萨里是现代人，受过现代电视文化的洗礼，在遇到那些只会反复朗诵盖伦医学经典、从不直接回答学生提问的医学教师时，他说不定会这样嘲讽："啥？又是盖伦？怎么不说是神奇海螺说的？"

请叫我"流言终结者"

1543 年，维萨里出版了《人体的构造》一书。

这本书被誉为西方医学最伟大的一套医学专书，书中附有超过 250 幅令人叹为观止的精美插图[1]，系统性地整理并且描述了诸如人体的骨骼、肌肉、血管与内脏等不同部位的结构，甚至纠正了盖伦医学理论中 200 多处错误。

---

1 相传是由著名的画家提香（Tiziano Vecellio）的弟子卡尔卡（Jan Steven van Calcar）所绘。

举例来说，对于宗教价值满盈的"上帝用亚当的肋骨制造夏娃"的理论，维萨里根据解剖观察，强而有力地提出：男人的肋骨和女人的肋骨数量相同，所以不管上帝是用亚当的头骨、脚骨还是尾椎骨去造出夏娃，都是不可能的事情。

维萨里也以长年的解剖经验指出，盖伦所谓"耶稣可以透过'复活骨'达成复活"的这个说法，根本不合逻辑，简直就是"胡说八道"。这本书，几乎就是当代的"流言终结者"，让盖伦医学支持者的玻璃心碎了满地。

值得一提的是，维萨里也注意到，左心室与右心室之间的肌肉其实很厚，也没有孔道能让动脉与静脉血液相互流通。这一点为之后发现血液循环打开了大门。

仔细想想，即便盖伦有机会解剖人体，他应该也没有在动物心脏中看过他所期待的孔洞。或许盖伦觉得那孔洞小到肉眼看不见，又或许，是为了让这套心血管系统理论能够说得通，总之，盖伦依然坚信自己的看法。

烧了我，还有千千万万个我

虽然维萨里的《人体的构造》解开了人体的秘密，同时描绘出心脏与血管的构造，却没有对血液的流动方向和作用提出解答。

这个问题最后是由维萨里在帕多瓦大学的同窗——西班牙医生塞尔维特（Michael Servetus）给予回答。他在维萨里离开之后接棒研究，持续钻研医学并进行解剖实验，取得了重大的成果。

塞尔维特认为，盖伦对于"肺循环"的描述是正确的，人体静脉中的血液会流入右心脏，并经由肺动脉抵达肺部，再经由肺静脉注入左心脏。

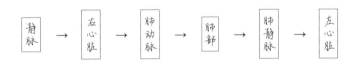

塞尔维特的肺循环路线

但塞尔维特否定了传统的"左右心室有孔洞相通"这个说法，他认为，右心脏的血液一定得经由肺动脉以及肺部的管道输送，绕一圈以后才能抵达左心脏。

塞尔维特将这个重大的发现，连同他对于"三位一体"（Trinitas）教义的不同看法写在同一份手稿上，一并寄给加尔文（John Calvin）主教。塞尔维特的朋友听说这件事后，忧心忡忡地对他说："你惨啦！主教为人很小心眼的！"果不其然，大主教真的来找他的麻烦了。

1553年，也就是在维萨里的《人体的结构》出版后的第十年，塞尔维特被判处火刑，他的著作也都被一起扔进了火堆中。

据说，这场火，足足烧了两个小时……

阿弥陀佛，南无观世音菩萨

前辈们真给力!

接替维萨里成为帕多瓦大学外科教授的科伦坡（Realdo Colombo），在研究了塞尔维特的解剖观察之后，也支持塞尔维特的血液"肺循环"观点。更重要的是，科伦坡观察到，肺静脉中充满的不是空气，而是血液，这点和盖伦医学的理论有所不同。

与此同时，帕多瓦大学的另外一名外科教授——法布里休斯（Hieronymus Fabricius），也借由人体解剖发现，进出心脏的静脉血管中，原来有小门（就是我们说的瓣膜）存在，并且指给在场的医学生们看。

法布里休斯当时也只是猜测，这个半月形的瓣膜或许可以调节血液的速度与流量，而他的学生威廉·哈维（William Harvey，1578—1657）在几十年后提出了正确的解释。

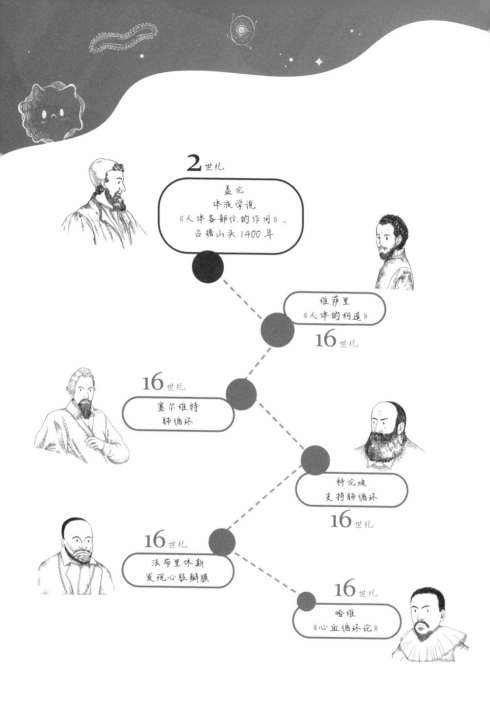

2 世纪

盖伦
体液学说
《人体各部位的作用》,
占据山头 1400 年

维萨里
《人体的构造》
16 世纪

16 世纪
塞尔维特
肺循环

科伦坡
支持肺循环
16 世纪

16 世纪
法布里休斯
发现心脏瓣膜

16 世纪
哈维
《心血循环论》

这些走在哈维前头的先辈，深受盖伦医学的影响，内心阴影面积算不完，但他们仍逐一点开了心脏与血液循环的科技树，最终哈维才得以经由实验解锁成就，一窥人体血液循环的奥秘。

🧪 飒爽登场

1578 年，哈维出生于英国的一个海港城市——福克斯通。19 岁时他自英国剑桥大学毕业，之后便远赴帕多瓦大学，担任法布里休斯解剖团队的助手。

这个时期，伽利略（Galileo Galilei）正在帕多瓦大学讲授几何、力学与天文学。

有别于欧洲的其他医学院，帕多瓦大学医学院不仅不拘泥于盖伦医学教条的背诵与传授，还保持着由维萨里开创的亲自动手解剖的外科传统。

在帕多瓦大学，哈维学到了这门"坚持手作的温度"的"新"医学，以及实验科学大师伽利略的治学方法。哈维因此深深认识到，实验对于科学理论的重要性，这为他之后的血液循环研究奠定了基础。

5 年后，哈维拿到了医学博士学位，返回伦敦行医。

在当时的伦敦，合格的医师其实不多，受那些没有受过专业训练的庸医影响，伦敦医疗纠纷频传，甚至危害到民众的健康。政府因此对医疗行为严加管控。

为了取得执业许可，哈维决定申请进入皇家医学院（Royal College of Physician）。

3 年后，哈维顺利通过审核，成为皇家医学院的会员，并且开始在圣巴多罗买医院（St.Barthelemy）工作。

医术精湛的他后来成为国王詹姆斯一世和查理一世的私人医生，与此同时，哈维也开始进行他的血液循环研究。

血淋淋的 Live 秀

1615 年，哈维获邀在皇家医学院的兰姆里讲座（Lumley Lecturer）授课。之后的每一年，哈维都定期为同事、政商界人物或是花钱来看热闹的乡民，进行这场血淋淋的解剖演讲与示范实验。

这一天，助理们正一如往常地在一间大讲堂里进行实验的事前准备。

看着讲台上依序摆放着的装有蛇、青蛙、兔子等实验动物的铁笼，大家不免交头接耳，猜测哈维今天会带来什么惊人的解剖秀。

待一切就绪，哈维走上讲台，清了清嗓子，现场顿时安静下来。

哈维说："今天，我将为大家揭示，关于心脏的运作和功能的秘密。"

在助理的协助之下，哈维将一条蛇自铁笼中抓了出来，固定在解剖台上。只见哈维手起刀落，在蛇身上利落地划开一道血红色的口子。

"首先，心脏就像一个泵，功能便是不停地打血。"哈维用手指着蛇的心脏，解释道，"每一次的心跳，就代表着心脏的一次收缩与扩张。"

台下的观众目瞪口呆地看着这条心脏外露却还在一缩一放的蛇，听着哈维的讲解："心脏收缩时，血液会被挤出心脏；心脏扩张时，血液又会流进心脏……"

蛇之所以会成为哈维这场 Live 秀的头号实验动物，自然也有科学的理由。

身为冷血动物的一员，蛇的心跳速度比较缓慢，更能让观众清楚地看见：心脏的收缩，其实还能分成心房的收缩和心室的收缩这两种现象。

紧接着，哈维又从另外一个笼子中抓出一只兔子，手起刀落，又是一道利落的血光。

有些观众不禁紧捂着嘴，露出不忍的表情。

"相较于冷血动物，心跳较快的温血动物在垂死前，心脏的收缩速度会变得比较慢……"

哈维当然不是虐待狂，一切都是为了研究："现在，我们可以很清楚地观察到，因为心房的收缩，将血液打入心室，之后才是心室的收缩。"

循环！循环！还是循环！

"哈维教授，盖伦医学告诉我们，血液是由肝脏制造，然后流经全身，由各处吸收。如果说血液是由心脏流出，那该如何证明呢？"一位听众问道。

"这很简单。"哈维不疾不徐地解释，"透过解剖，我测量出，人类的心脏每跳动一次，就会有 2 盎司（相当于 59 毫升）[1] 左右的血液排出……"

---

1 目前所知，正常人的心脏一分钟内的输出量，大约等于全身的血液量。

根据哈维的测量，我们可以知道：

1. 心脏跳 1 次→2 盎司血液

2. 心脏每分钟可跳动 72 次

3.1 小时血液量：2×72×60=8640 盎司

也就是说，在一小时内，人体会送出 8640 盎司（255.5 升）的血液量。要知道，哈维的测量对象是尸体，这个数字估计还是相对保守的。

"按照盖伦的说法，血液是持续被人体制造出来，这就表示，人类必须吃下相当于这个分量的食物及水，才能制造出如此多的血量。"哈维双手一摊，"你觉得有可能吗？要是如此的话，人除了吃吃吃，也不需要睡觉了。"

语气一转，哈维坚定地表示："如果人体想要持续地供应，并且排出这么大量的血液，那只有一条可行的路，那就是'循环'！"

语毕，全场一阵哗然。

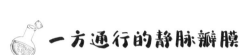

一方通行的静脉瓣膜

"我知道,关于血液在静脉与动脉间的循环流动,是一个非常新奇、前所未有的概念。这样吧,不如我们找一个志愿者上台配合,我为大家演示这个实验。"哈维看了看底下的观众,指向刚才那位发问的老兄,说道,"就是你了!"

望着哈维手上那闪着寒光的刀子,受试者一号(暂定)不禁瑟瑟发抖:"大哥,别杀我啊!我只是进来看热闹,大不了我退到后面去就是了!"

刚才那几幕血淋淋的解剖 Live 秀,不知道吓坏了多少人脆弱的小心灵,眼看又要白刀子进、红刀子出,整个大讲堂内又是一阵骚动。

哈维安慰道:"放心!我拼的是脑袋,不流血!"哈维放下刀子,拿出一条止血带,将这位受试者的上臂紧紧绑住。由于止血带阻断了手臂里的血液流动,受试者的手臂变得又麻又痛,失去血色,靠近心脏的静脉也开始塌陷。

然后，哈维将止血带稍微松开一些，让动脉的血液可以流入（但仍无法回到心脏）。于是，受试者的手臂缓缓恢复先前的血色。由于血液的回流仍然受到阻碍，受试者的静脉开始肿胀。

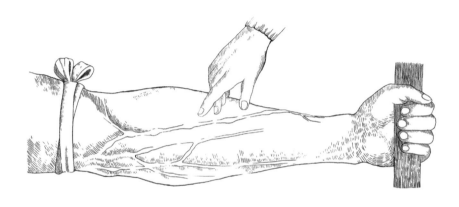

哈维的实验：证明静脉的血液维持单一方向的流动

　　"这个实验显示，血液自心脏流出后，经动脉流向全身，再经由静脉流回心脏，完成一个完整的血液循环。"哈维停顿一下，才下了结论，"血液的流动是永不停止的，这就是心脏跳动的作用！"

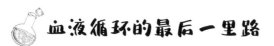

血液循环的最后一里路

1628 年，哈维将这些实验研究成果写成了《关于动物心脏与血液运动的解剖研究》（*Exercitatio Anatomica de Motu Cordis et Sanguinis in Animalibus*）一书，简称《心血循环论》。

因为这本书，哈维受到了预期中的众多批评声浪，这些杂音多半来自那些依然紧抱着盖伦医学不放，无法接受哈维观点的老学者。相对于守旧派，许多年青一代的医生因为没有思想包袱，所以更愿意接受哈维提出的体循环理论。

不过，哈维的血液循环理论也有一个十分明显的缺点：他并不知道，当血液从心脏流出，借由动脉通往各个器官之后，又是如何成为静脉血液，再度流回心脏的。

直到 1661 年，这个疑问才由意大利解剖学家马尔比基（Marcello Malpighi，1628—1694）通过显微镜解开了。

马尔比基发现，动脉末端有能够将动脉与静脉连接在一起的细小血管。他将这些血管命名为"毛细血管"，成为哈维循环理论的最后一块拼图。

我们说维萨里的《人体的构造》是医学解剖的神作，可在那一幅幅惟妙惟肖的人体图像底下，依然埋藏了许多未解的运行谜团。然而哈维的《心血循环论》却能逐一将其解开，驱动着这些谜团离开图画，展现了清晰的人体之美，可以说是超越神作的神作！

无所不在的科学

─你今天量血压了吗？─

今日我们运用于临床上的血压计，大约出现在 100 年前。第一位实施血压测量的，是英国牧师兼医师黑尔斯（Stephen Hales）——只不过，当时他的患者是一匹马。

黑尔斯的方法，是将一根长约 2.5 米、直径 0.4 厘米的玻璃管，垂直插入马的颈动脉内，借由动脉内的压力，将血液推入玻璃管内。

可想而知，这种一针见血（见到自己的血）的测量方法，在人体上可是万万不行的。

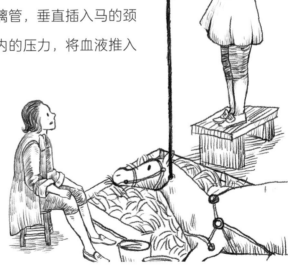

为一匹马测量血压

幸好，历经法国医生普赛利（Jean Poiseuille）、维也纳医生巴许（Samuel Siegfried von Basch），以及意大利医生里瓦罗奇（Scipione Riva-Rocci）等诸多先贤的改良，设计出了一种结合压力表、气球与袖带的装置。它的原理是用袖带缠绕上臂，以手压气球充气加压，然后观察压力表的高度，借此测量人体血压。

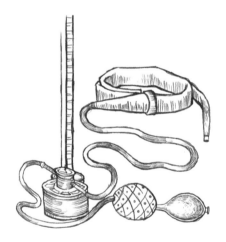

里瓦罗奇设计的血压计

这个装置后来又经过俄国外科医生尼古拉柯洛特（Nikolai S.Korotkov）的改良，加上了听诊器，沿用至今。时至今日，病患再也不需要划开血管，瑟瑟发抖地测量血压了。

知识百宝箱

1.

动物心血管循环系统

分类	开放式	闭锁式
心脏	√	√
血管	√	√
血液	√（组织间）	√（血管间）
毛细血管	×	√
体形	较大	较小
气体交换	组织与细胞间，扩散作用	毛细血管与组织细胞间

2. **体循环：**

左心室→大动脉→小动脉→毛细血管→小静脉→上下大静脉→右心房

3. **肺循环：**

右心室→肺动脉→肺泡毛细血管→肺静脉→左心房

4. 人类循环系统 ┬ 闭锁式循环系统
　　　　　　　├ 二心房二心室
　　　　　　　└ 双循环 ┬ 体循环 ┬ 将充氧血送至全身
　　　　　　　　　　　　│　　　　└ 将缺氧血带回心脏
　　　　　　　　　　　　└ 肺循环 ┬ 将缺氧血送至肺部
　　　　　　　　　　　　　　　　　└ 将充氧血带回心脏

5. 人类心脏：分为四个腔室，心房在心室上方

　　┬ 心房（心耳）┬ 肌肉壁较薄
　　│　　　　　　　└ 收缩时可将血液送至心室
　　└ 心室 ┬ 肌肉壁较厚
　　　　　　└ 收缩时可将血液带离心脏

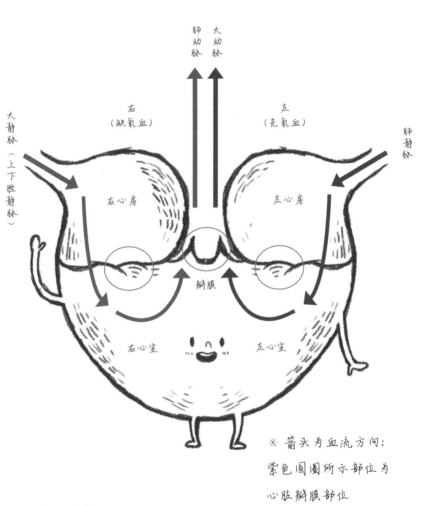

红色：充氧血

蓝色：缺氧血

137

6. 血液
- 血浆：主要成分是水，呈现浅黄色
- 血细胞
  - 红细胞
    - 双凹圆盘状，成熟之后无细胞核
    - 含血红蛋白，可携带氧气
  - 白细胞
    - 体积较大，有细胞核
    - 可进行变形运动，吞噬病原体
  - 血小板
    - 不规则状，无细胞核
    - 与血液的凝血机制有关

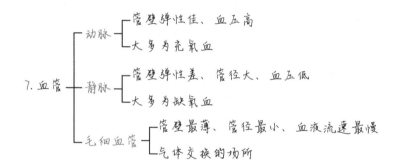

7. 血管
- 动脉
  - 管壁弹性佳、血压高
  - 大多为充氧血
- 静脉
  - 管壁弹性差、管径大、血压低
  - 大多为缺氧血
- 毛细血管
  - 管壁最薄、管径最小、血液流速最慢
  - 气体交换的场所

生活小实验

听过心跳的声音吗？在不同的情境之下，心脏的搏动频率也大不相同，每一下的拍击，都与生命息息相关。决定了！今天就来听听自己的生命之歌吧！

一、实验器材

1. 听诊器

- -

2. 录音设备、录音 App

- -

3. 秒表

二、实验步骤

1. 使用听诊器与录音设备,录制不同情境下的心跳声。

2. 使用秒表记录不同情境下的每分钟脉搏次数。

3. 测试的情境参考:

    A. 静态情境

    B. 睡眠情境

    C. 动态情境

        C-1:运动 10 分钟

        C-2:运动 30 分钟

        C-3:运动 60 分钟

    D. 聆听不同音乐:古典乐、重金属乐、摇滚乐、嘻哈乐、流行乐……

第六章

007 情报员的麻醉风暴

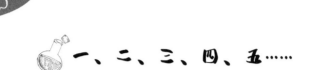

一、二、三、四、五……

日剧《医龙》系列中，天才麻醉师荒濑门次凭借目视就能精确"看"出对方的体重，搭配他高超的麻醉技巧，只要七秒，就能使病人入睡。动画《名侦探柯南》中，柯南用来麻醉毛利小五郎的麻醉针，也拥有神速奇效（虽然有点夸大）。

无论是荒濑门次、柯南或是现代的麻醉医师，他们所施行的那些效果优异、能够使人进入昏睡状态的麻醉，早期其实都是累积了众多人的心血、金钱，还得加上一点点运气才得以完成。

超神速"开刀术"

想象一下，当你身处 18 世纪末的一家医院内，准备接受外科手术，护理人员递来一小杯象征爱、勇气与止痛的酒，你一饮而尽，然后被人推进一间独立的外科手术室。

在没有电力供应的时代，只能依靠自然光照明，手术室因此被设置在顶楼，并附有一扇采光良好的大天窗。

先别急着赞叹这间手术室的无敌高楼景观，随着一阵刺耳的铃声响起，护理人员鱼贯走入，还不忘贴心地关闭厚重的门，以避免你的哀号声传遍整栋楼，吓跑其他患者。好几位"麻绳"理工[1]毕业的助手，用他们那强壮精实的臂膀按着你……

1 "麻绳"理工：谐音梗，"麻省理工"谐音。

至此，被五花大绑的你才意识到事情不对劲。

说起来，若想评论 18 世纪外科医师的优劣好坏，下刀速度绝对是重点评分项目。根据小道消息，法国强人皇帝拿破仑的御用医师，能够在一分钟之内切下患者的任何部位。

回到我们的脑内小剧场，时间依然是 18 世纪，方才的手术正要开始，无法挣脱束缚的你，眼睁睁地看着刀锋轻轻靠近，冷冽的寒光一闪而过，带着金属的冰冷与锐利的痛楚没入你的身体。

在整场手术中，你只能尖叫，不停地尖叫，直到声嘶力竭，或是因为剧痛而失去意识。

在麻醉技术成熟以前，要病患接受一场外科手术，简直就像是令他们受到什么残酷刑罚一般，一切都是那么的可怕，充满了未知的危险——更别提术后的感染风险了。

当时的截肢手术，死亡率据说高达 60%，病患可能因为出血休克而死，也可能亡于术后感染引发的败血症。

在没有麻醉的情况下截肢，此事绝对不是憨人所想的那么简单！

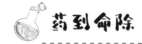

药到命除

麻醉用的药物自古就有，例如：酒精、曼德拉草
（Mandragora）[1]、天仙子等，有些医师为了减轻病人的疼痛，
甚至连催眠也用上了。

酒精的麻醉历史最为古老，据说公元前 3000 年，人们就已
经开始将酒精运用于麻醉之上了。

150—200 年，希腊军医迪奥斯科里德斯（Pedanius
Dioscorides）的麻醉配方，是以红酒炖煮曼德拉草的根部，让
病人在手术之前喝下，目的是使病人陷入沉睡并帮助止痛。他也
是第一位使用麻醉（anesthesia）这个术语的人。

在越过海洋的遥远东方，同时期的华佗，则成为医学史上
第一位使用麻醉药——鼎鼎大名的"麻沸散"来进行外科手术的
医师。

可惜的是，无论东方西方，这些麻醉药物的处方并没有流
传下来，湮没在了历史之中。几个世纪之后，一部分医生又转身
投入各种草药的怀抱，借此来为病患止痛。

---

1 曼德拉草：别名毒参茄，茄参属植物。传说当它被连根拔起时，会发出刺耳致命的
尖叫声。

这些草药不仅剂量难以控制，止痛的效果也同样需要打上问号。许多病人不是因为疼痛而呼天抢地，就是悲伤地陷入长眠，从此一睡不醒。

比起制作解药，
麻醉才是我的本行！

别担心，在现代的手术中，这些效果难以预期的草药已经不再被人们使用。

可能你想问，在没有麻醉的手术台上，该如何处理疼痛问题？当然是忍啊！忍无可忍，继续再忍！

英国研究，美国取乐

"乙醚"的发现，无疑是麻醉史上最重要的一步。

这个玩意来自 13 世纪一位炼金术士的配方，因为其味甘，当时还被取名为"甜矾"。一直到 17 世纪，一位来自瑞士的医生（同时也是炼金术师）帕拉塞尔苏斯 (Paracelsus) 发现，这家伙除了甜，居然还具备令人意外的止痛效果。

只可惜，身为内科医师的帕拉塞尔苏斯和外科手术台不熟，因此没能充分发挥出乙醚的镇痛作用。

被称为"笑气"的一氧化二氮（Nitrous Oxide, N_2O），则为麻醉史取得了另一项重大的进展。

1774 年，英国化学家普利斯特列（Joseph Priestley，1733—1804）首先发现了这种气体；1800 年，同为英国化学家的戴维（Humphrey Davy，1778—1829）[1] 观察得知，这款气体可以让吸入它的人感到十分愉快，甚至会兴奋得捧腹大笑，他因此将它称为"笑气"。

之后，戴维更进一步发现（这其实是他亲自吸入后的心得），笑气居然可以舒缓牙痛！再之后，戴维的助手法拉第也

---

1 汉弗莱·戴维：英国化学家，是发现化学元素最多的人。

发现，吸入乙醚和吸入一氧化二氮的效果差不多，都能够舒缓疼痛。

18 世纪，乙醚、一氧化二氮的止痛效果已逐渐为人所知，到了 19 世纪中期，它们开始被人们当作麻醉剂使用。

戴维的笑气实验

散播欢乐的笑气传入大西洋对岸的美国之后，成为一种超时髦的取乐方法。

除了用以享乐，当时还有两种医生对笑气的麻醉效果深感兴趣。一种是需要进行深度全身麻醉的外科医师，另一种则是需要进行局部麻醉的牙医师。

当时的美国医学院与牙医学院的医学生们，甚至会不定时地举办"乙醚狂欢会"与"笑气派对",号称吸了之后,恐怖感↓愉悦感↑,连大脑都在颤抖。

1842 年,一位参加过"乙醚狂欢会"的学生根据自身经验,向他的牙医波普(Eljia Pope)提出建议:乙醚或许可以帮助需要拔牙的病患消除疼痛。

波普采纳了这个建议,将乙醚使用在一位需要拔牙的女病患身上。这名女病患因此成为史上第一位经历"无痛拔牙"的患者。

说起来,无痛拔牙可真是个好东西,时至今日,因为医学技术的进步与麻醉的普及,(成年的)病人不再"谈拔牙而色变"。

笑气派对

叫我第一名

除了拔牙，第一位将乙醚运用于外科手术之上的，是美国医生朗（Crawford W. Long）。

1839年，朗医生在获得宾州大学医学学位后，先是在纽约市的几家医院接受外科实习，之后才回到家乡佐治亚州开办诊所。

有一天，当地的几位年轻人向朗讨要一些笑气，想要用来举办派对。朗告诉这些年轻人，制造笑气的步骤很烦琐，不如改用制备比较容易的乙醚吧，反正"笑"果也一样好。

这些年轻人尝试了之后，发现朗医生所言不虚，他们立刻和亲朋好友大肆分享。于是，乙醚很快成为地方上的一种新流行。

引领流行的朗注意到，在这些狂欢派对上，那些吸了乙醚的人即使跌倒或者撞到坚硬的物体，也不会觉得痛，甚至根本没有意识到自己受伤。

谁也没想到，派对上为了寻求刺激而使用的乙醚，竟然还有附加效果。

这个发现让朗想起了自己的一名病患。这名病患名叫范纳博（James N.Venable），他的脖子上长了肿瘤，需要开刀割除，但他实在太害怕疼痛了，经常在手术时临时喊停，手术始终无法顺利进行。

朗意识到，"笑果"十足的乙醚，既然自带止痛药效果，或许可以解决这个问题。

1842 年 3 月 30 日，朗将乙醚倒在一条毛巾上，让范纳博吸入，直到他失去知觉。之后，便在麻醉无痛的情况下，完成了这场别具意义的手术。

1933 年，美国将"3 月 30 日"这个麻醉史上值得纪念的日子，定为医师节。

这场手术的成功鼓舞了朗，他使用乙醚陆续进行了几项手术，结果令人满意。然而，个性谨慎的朗一直等到 7 年之后才公布了这项成果。

之后，朗开始将乙醚用于"女性生产"上，并投身于慈善工作。1878 年 6 月 16 日，朗为一位产妇接生，在小婴孩顺利落地之后，朗却不幸因中风猝死。临终时，他的遗言是："先照顾这位母亲与孩子。"

乙醚的麻醉初登场

失败的无痛拔牙手术

1844 年，美国佛蒙特州的牙医魏尔斯（Horace Wells，1815—1848）参加了一场由医生朋友举行的笑气派对。派对上，他看着身边一位腿部瘀青却依然哈哈大笑、一点痛感也没有的年轻人，若有所思。

回去之后，魏尔斯吸了几口笑气，然后委请同行替他拔除一颗蛀牙相当严重的臼齿——果不其然，在拔牙的过程中，他并没有感受到预期的疼痛。

隔年，魏尔斯到波士顿拜访曾一起共事的牙医莫顿（William Morton，1819—1868），两人决定向莫顿的指导教授、著名的化学家查尔斯·托马斯·杰克森（Charles Thomas Jackson，1805—1880）请教，讨论有关笑气的问题。之后莫顿又取得了外科医师沃伦（John Warren，1778—1856）教授的同意，安排魏尔斯向哈佛大学的外科医学生们展示他的发现。

不幸的是，由于笑气的用量不精确，参与展示的示范病患（一名蛀牙问题严重的小男孩）因为疼痛而放声大叫，魏尔斯只得在满场嘘声中狼狈地逃离手术教室。

　　此后，虽然魏尔斯使用笑气成功进行了许多次无痛拔牙，但还是有很多人再也不肯相信他了。

魏尔斯的笑气无痛拔牙

换汤不换药

对于这次的失败，杰克森将原因归咎于笑气，并且建议莫顿可以考虑使用乙醚取代笑气，来替病人进行无痛拔牙。

莫顿与助手尝试了乙醚，但结果并不成功。他再次寻求杰克森的建议，杰克森一眼就看出了问题的根源——莫顿先生啊，您使用的乙醚纯度不够！

莫顿恍然大悟，关于化学的制备问题，果然还是必须交给专业的来。于是，他决定和杰克森合作，共同制备乙醚。两人甚至在乙醚中加入精油，用来确保配方机密，并且以"忘素"（Letheon）[1] 为名申请专利，期望能借此大赚一笔。

这下真的要砍头了

---

1 忘素：源自忘川，希腊神话中地府的界河。这里指麻醉剂犹如"忘川"之水，可以让人在手术过程中丧失意识。

1846 年 9 月 30 日，莫顿在杰克森的指导下，为一名病人试用了忘素，病人果然毫无痛觉。

隔天，这则消息登上了《波士顿日报》（*Boston Journal*），莫顿也因此说服了沃伦，让他愿意再一次公开使用忘素，进行示范手术。

先生们，这显然不是骗子！

- -

1846 年 10 月 16 日，马萨诸塞州总医院（Massachusetts General Hospital）的圆形阶梯讲堂里，挤满了来自波士顿各地的顶尖外科医生。顺道一提，这个手术殿堂目前依然保留着，人们亲切地称它为乙醚厅（Ether Dome）。

时间拉回到 1846 年，当时预备要接受这场世纪手术的，是一位左下颚长了巨大血管瘤的病患，名叫艾伯特（Edward Dilbert Abbott）。

按照过往的经验，进行肿瘤切除手术，疼痛是无可避免的。因此现场依然安排了两名身强体壮的助理，负责按住艾伯特，以免他在疼痛中胡乱挥舞手脚，影响手术的进行。

乙醚厅

眼看着预定的手术时间已经到了，莫顿却迟迟没有出现。不得已之下，沃伦只好向观众解释："莫顿医师应该被什么事耽搁了。"

　　沃伦挽起袖子，准备在没有莫顿和忘素的情况下执行手术。身强体壮的助理在沃伦的示意下，一左一右地紧紧按住病人，病人咬紧牙关，望着举起手术刀的沃伦。沃伦微笑安抚道："眼睛闭上，我会很快。"

　　此时，现场突然骚动起来，莫顿快步走上讲台，手中还拎着一个外观奇特的物品。

　　这个特别定做的吸入器，成为莫顿迟到的借口。事实上，莫顿是因为害怕魏尔斯失败事件重演，才迟迟不敢现身。

　　幸好这场公开手术的负责人说服了莫顿，最后他顶住自己的心理压力，带着这副特制的吸入器走上讲台，让病人吸入忘素。

抽出空气　　　　　　　　　　　　吸入器

泡过乙醚的海绵

莫顿的乙醚吸入器

　　手术过程中一片静默，没有大家预期中的病人惨叫声，病人不仅没有感到痛苦，甚至没有意识到手术正在进行。

　　这场成功的示范手术立即引起轰动，多家报纸争相报道。莫顿和杰克森决定加快忘素的专利申请步伐，同步拟定好各种营销企划，打算借此来个名利双收。

　　不过，亲眼见证过其效果的马萨诸塞州总医院的医师们，对这个举动表示强烈的反对。他们认为，将这种能让病人不再遭受痛苦的技术拿去申请专利保护，是一种违反医学伦理并且不道德的行为。

　　在各方抵制之下，加上"忘素其实就是乙醚"的秘密很快便遭人揭穿，最后，莫顿与杰克森只好撤销了专利申请，乙醚麻醉技术终于被公之于世。

不管他吸了什么，都给我来一点！

随着莫顿的乙醚麻醉技术逐渐传开，不久之后，英国的外科医师也开始使用乙醚来进行手术。

在英国，首先将麻醉技术应用于产妇生产的，是爱丁堡大学的妇产科教授辛普森（Sir James Young Simpson）。他希望借助乙醚的力量，减轻产妇生产时的痛苦，不料却遭到当地教会的极力反对。

当时的教会援引《圣经》的经文："你生产儿女必多受苦处。"认为妇女生产时遭受的疼痛是上帝给予的惩罚，也是母爱的表现。为产妇止痛，就是违背了上帝的旨意。

这个说法并非个案，300多年前，爱丁堡就曾有一位新手妈妈，在产下双胞胎之后被教会的人带走，被推入一处土坑活埋——这一切，只是因为她请求医生，在她生产的过程中为她止痛。

对于教会的反对，辛普森引用《创世记》予以反驳："上帝让亚当沉睡后，在他身上取下一条肋骨，借这条肋骨创造夏娃。"既然上帝都这么体贴，在亚当昏睡之后才取肋骨创造女性，那妇女生产时为什么不可以昏睡呢？

乙醚好用归好用，却也会引发不少副作用，例如过敏、呕吐。因此，为了让手术更安全，英国医师史诺（John Snow，1813—1858）[1]特别研究并改良了乙醚吸入器。

史诺设计的吸入器不仅可以更精准地计算乙醚剂量，更难得的是，史诺没有为这项发明申请专利，而是无偿公开了这项发明，让所有人都可以自由使用。

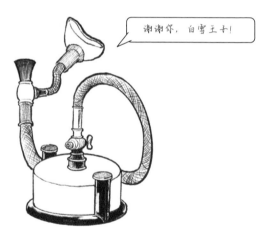

史诺的乙醚吸入器

除了吸入器的改良，医界也致力于寻找更好用的麻醉剂，就在此时，三氯甲烷（trichloromethane）[2]出现了。

---

1 约翰·史诺：英国麻醉医师，亦是世界第一位麻醉医师。
2 三氯甲烷：别名氯仿，无色透明液体，有特殊气味，有麻醉性，有致癌可能性。属于管制物品。

在朋友的推荐下，辛普森决定使用三氯甲烷作为新的麻醉剂，而善良的史诺也开始设计全新的三氯甲烷吸入器。

1853 年，辛普森和史诺成功地替英国维多利亚女王（Queen Victoria）施行麻醉并接生。过程中女王不仅保持清醒，而且没有感受到生产的强烈疼痛。

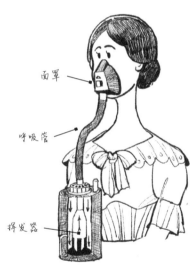

面罩

呼吸管

挥发器

史诺的三氯甲烷吸入器

从这天开始，那些反对产妇使用麻醉剂的教会人士终于闭上了嘴巴，麻醉生产也开始流行起来。三氯甲烷很快取代了乙醚，成为医生爱用的新麻醉剂。只不过，三氯甲烷对肝脏的伤害很大，死亡率甚至比乙醚高出五倍之多！

疼痛？我们怀念它……

在三氯甲烷之后，新的麻醉剂陆续出现，例如乙烯（Ethylene）、乙烯醚（Diviyl ether）、环丙烷（Cyclopropane）、溴氯三氟乙烷（Halothane）等，被广泛地运用在临床上。

时至今日，现代的麻醉医师已经可以根据手术或者病人的特殊需要，灵活选用各式各样的麻醉药物，并且精准控制它们的剂量，消除身体特定部位的感觉，无论是放松肌肉、舒缓疼痛，还是让人失去意识，都可以借由麻醉技术轻松完成。

此时距离麻醉药的广泛应用，已经过去了一个半世纪。即便如此，人们对于麻醉原理的探索之旅依然在继续。

无所不在的科学

— "麻沸散" 再现?! —

东汉末年，名医华佗曾使用麻醉药"麻沸散"为病人开颅剖腹，但在他死后，麻沸散的配方也随之失传。

江户时代后期，有位名叫华冈青洲的日本医师，他不仅精通西洋医学，对中国医学也有深入的研究。

不要误会！
哥绝对没有不良想法！

华冈青洲

或许是受到华佗麻沸散的启发，华冈青洲以曼陀罗花（又名洋金花、大喇叭花）等药材，加上自己的行医经验，尝试调配一种能使病患陷入昏睡的麻醉药方。

1804 年，华冈青洲在妻子与母亲以身试药的协助之下，终于制成麻醉药"通仙散"。

他还使用这种麻醉药替一名病患进行全身麻醉，成功完成该名病患的乳癌切除手术——比起莫顿的乙醚麻醉手术，华冈青洲可是早了整整 40 年！

今日的日本麻醉科学会采用洋金花的图案作为学会标志，以纪念华冈青洲的贡献。

日本麻醉科学会的标志

知识百宝箱

1. 有机化合物：大部分由碳元素组成的化合物

　　→ 并非所有含碳元素的化合物都是
　　有机化合物

　　　　→ 最早认为有机化合物只能在生物体内合
　　　　成 [后被推翻：尿素合成。1828年，德
　　　　国化学家弗里德里希·维勒首次使用无机
　　　　物氰酸铵（NH4CNO，一种无机化合物）
　　　　人工合成了尿素。尿素的合成揭开了人
　　　　工合成有机物的序幕。]

　　　　→ 常见：烃类、醇类、醚类、有机酸类、酯类、
　　　　糖类

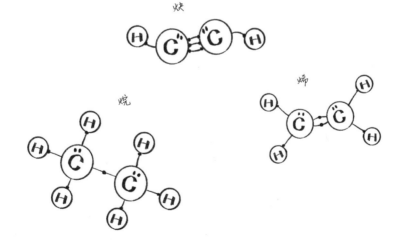

炔

烷

烯

2. 烃类: 只含碳原子（C）和氢原子（H），又称碳氢化合物

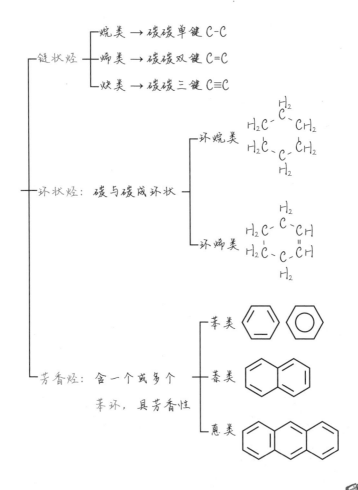

链状烃 —— 烷类 → 碳碳单键 C-C
　　　　 烯类 → 碳碳双键 C=C
　　　　 炔类 → 碳碳三键 C≡C

环状烃: 碳与碳成环状 —— 环烷类

　　　　　　　　　　　　 环烯类

芳香烃: 含一个或多个
　　　 苯环, 具芳香性 —— 苯类

　　　　　　　　　　　　 萘类

　　　　　　　　　　　　 蒽类

→烷基或取代基

3.醇类（R-OH）：烷类分子中，一个氢原子被 -OH 基所取代

┌ 甲醇（CH_3OH）：木精
└ 乙醇（C_2H_5OH）：酒精

4.醚类（R-O-R）：一个氧原子连接两个烷基

┌ 甲醚（C_2H_6O）：和乙醇化学式相同，但官能基不同，
│　　　　　　　　　化学性质也不同
└ 乙醚 [（C_2H_5）$_2$O]：常用于有机溶剂与医用麻醉剂

5.有机酸类（R-COOH）：烷类分子中，一个氢原子被 -COOH 基
　　　　　　　　　　　　所取代

┌ 甲酸（HCOOH）：蚁酸
└ 乙酸（CH_3COOH）：醋酸

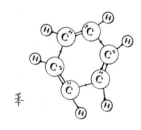

苯

6. 酯类（R-COO-R'）：具特殊香味

酯化反应：有机酸 + 醇 $\xrightarrow{\text{浓硫酸}}$ 酯 + 水

7. 糖类 [$(CH_2O)_n$]：又称为碳水化合物，由碳、氢、氧原子所组成

单糖类：最简单的糖类，例如：葡萄糖（$C_6H_{12}O_6$）

双糖类：由两分子的单糖脱去一分子的水形成，

  例如：蔗糖（$C_{12}H_{22}O_{11}$）

多糖类：由 n 个单糖脱去（$n-1$）个水分子结合形成，

  例如：淀粉

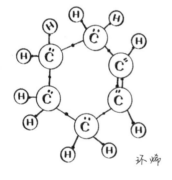

环烯

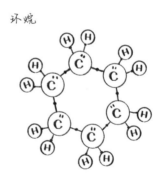

环烷

　　葡萄藤上浑圆甜美的葡萄，该如何经由岁月沉淀，变成玻璃杯中姹紫嫣红、微光闪烁的葡萄酒呢？一起来变身酿酒师吧！

一、实验器材

1. 葡萄 🍇

- -

2. 酿酒酵母

- -

3. 糖

- -

4. 桶装容器

注意：尽量避免使用玻璃瓶，避免发酵过程排气不及时引起容器炸裂。推荐使用塑料饮料瓶，并在发酵过程中及时排气。

未成年请勿饮酒

二、实验步骤

1. 清洗葡萄，洗干净去梗，然后轻压葡萄，使葡萄皮破裂、葡萄汁流出。

2. 将破皮的葡萄放入桶中，加入适量酿酒酵母与糖，密封后进行发酵。

3. 发酵过程中，二氧化碳会使果皮、果肉、种子等固体残渣浮起，可以用干净的筷子或汤匙均匀搅拌，然后再次封桶，进行二次发酵。

→ 待残渣再度浮起后，重复上述步骤，直到表面不再浮起葡萄渣。

☆ 重复均匀搅拌，可以使桶底的葡萄汁与表面的葡萄渣均匀混合，并且让空气流通，降低桶内的温度，以避免发酵过程中，酵母菌因为高温而死亡。

4. 当葡萄不再发酵、桶中也不再有葡萄渣浮起后，便不再搅拌，在阴凉处密封静置。

5. 静置两个月后，便可进行过滤，将葡萄酒液与果肉残渣分离，完成简易的葡萄酒酿造。

第七章

不要让你的尿变甜了

 # 三多不是多子、多孙、多福气

各位应该听过糖尿病（diabetes）吧！甚至可能身边就有亲友正遭受着糖尿病带来的危害与不便。

1. 喝多

2. 吃多

糖尿病不仅是现代人常见的慢性疾病，也是一种历史悠久的疾病。早在 3500 年前，埃及人的草纸上便记录着这种"让病人产生多尿现象"的疾病。大约 2000 年前，希腊医生阿莱泰乌斯（Cappadocia Aretaeus）也观察到这种"仿佛身体不停融化变成尿液"的病征。

　　阿莱泰乌斯将这种饥饿（多吃）、口渴（多喝）、频尿（多尿），以及体重减轻——也是今日糖尿病"三多一少"诊断依据的起源——的症状，称为"diabetes"。

糖尿病的典型症状：三多一少

无独有偶，《黄帝内经》中也有"甘美肥胖，易患消渴"[1]的记载。

1675 年，英国医生威利斯（Thomas Willis）在亲身试验之后，证明这类病人的尿液真的是"味甘"。因此，他替这个疾病加入一个新的词，"mellitus"（拉丁文，意即"像蜂蜜一样甜"），糖尿病的全名"diabetes mellitus"于焉诞生。

不过，现在我们都简称它为"diabetes"。

---

1 "消"指内消，意思是能吃能喝，而人却消瘦得很快；"渴"是指口渴、多饮，中医将糖尿病称为"消渴症"。

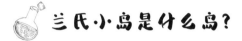

兰氏小岛是什么岛？

1869 年，德国柏林病理学学院的一位医学生兰格汉（Paul Langerhans，1847—1888）在他的论文中指出：胰脏腺体中存在着一些功能未知的细胞团，它们的结构和当时已知、会分泌消化液的胰脏细胞不太一样，在显微镜下，就像海洋中漂浮的小岛。

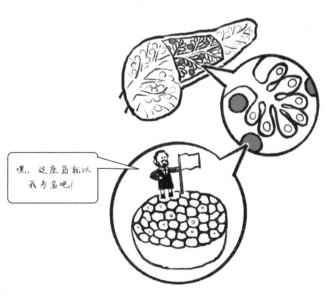

发现胰岛的兰格汉

这些岛状细胞团被称为"兰氏小岛"（Islets of Langerhans），也就是"胰岛"。

20 年后，德国科学家约瑟夫·冯·梅伦（Joseph von Mering，1849—1908）和奥斯卡·闵考夫斯基（Oscar Minkowski，1858—1931）发现，将狗的胰脏摘除之后，这只可怜的生物会以令人难以置信的速度消瘦，最后奄奄一息地趴在笼子里，只剩下抬头喝水的力气，同时出现尿频、尿液中有糖分等糖尿病症状。于是他们猜想，胰脏内的腺体必然具有某种物质，而且，这种物质在血糖代谢上扮演了重要角色。

1901 年，美国病理学家欧培（Eugene Opie）在解剖糖尿病患者的身体时，发现这些患者的兰氏小岛都有受损的迹象。欧培推测，兰氏小岛或许跟血糖代谢有关。他同时注意到，胰岛细胞会分泌某种"谜样物质"到血液当中。

1913 年，爱德华·阿尔伯特·夏普-沙孚（Edward Albert Sharpey-Schafer，1850—1935）在斯坦福大学演讲时，提出了他对糖尿病的看法。他认为，糖尿病的产生，可能是因为胰脏"无法制造某种物质"。

他将这种物质称为 insulin（源自拉丁文 insula，意为小岛），中文译为"胰岛素"，也就是"胰岛分泌出来的激素"。

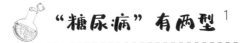

"糖尿病"有两型 [1]

让我们剧透一下，胰岛素的功能，在于促使血液中的葡萄糖进入细胞，变成细胞需要的能量，或是转换为人体需要的其他物质。也可以储存起来，以备不时之需。

如果胰岛素不足，或是不能正常发挥功能，就很可能造成人体血糖过高。倘若情况没有得到改善，血糖超过肾脏的回收极限时，便会经由尿液排出，称为糖尿病。

糖尿病，这种因为代谢异常而造成患者无法将吃下的食物顺利转换成能量的疾病有两型。

第一型的糖尿病患者多半在儿童或青少年时期发病，他们因为先天缺乏胰岛素，必须借由注射胰岛素来维持身体的糖分代谢。

第二型糖尿病，也是我们最常见的糖尿病型态，通常出现在中年以后，因此值得我们特别留意。

此类型糖尿病简而言之就是，患者因为肥胖、运动不足、饮食习惯等种种原因，造成胰岛细胞老化，无法分泌足够的胰岛

---

1 1935 年，辛斯沃（Roger Hinsworth）将糖尿病分为两类：胰岛素敏感型（第一型）与胰岛素不敏感型（第二型）。

素，或者是体内组织对胰岛素反应不敏感，导致胰岛素无法正常发挥作用。

罹患糖尿病的病患，无论是第一型还是第二型，就算谨慎小心地控制血糖，一段时间之后，依然可能会有糖尿病足、动脉硬化和肾脏病变等并发症的发生。

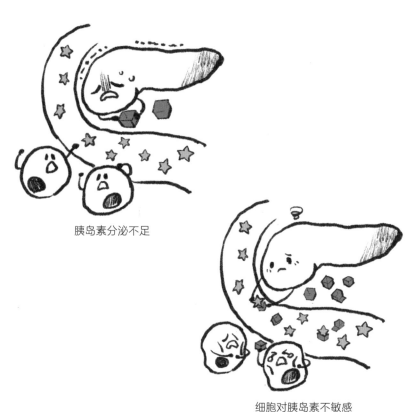

胰岛素分泌不足

细胞对胰岛素不敏感

把糖尿病饿回去？

在胰岛素发现以前，治疗糖尿病的最先进的方法，就是控制饮食。

当时，美国治疗糖尿病最有名的医生艾伦（Dr.Frederick Madison Allen）认为，如果病人不吃东西，自然就没有多余的糖分自尿液中排出，因此提出用"饥饿疗法"来治疗糖尿病。

所谓的"饥饿疗法"，其实就是禁食与低热量饮食，让病人每天只摄取平均 400 卡左右的热量，远远低于一般人摄取的 1500 卡热量。

这样的慢性饥饿疗法，虽然能够延续患者的生命，却也让患者变得非常虚弱，最终仍难免一死。

与此同时，许多科学家试图以胰脏萃取物来治疗糖尿病，但大多成效不彰[1]，加上因第一次世界大战爆发而中断了研究，直到 1921 年，加拿大外科医生班廷（Frederick Banting）与他的助手取得了突破性的成功。

---

1 这是由于他们取出胰腺碾碎后，胰腺内的消化液会破坏胰岛素的蛋白，因此分离胰岛素的实验均告失败。

糖尿病饥饿疗法食谱

蛋白质　　　　　　　7克
脂肪　　　　　　　　6克
碳水化合物　　　　　15克
卡路里　　　　　　　150千卡

早餐　　　　　　　　　　　　　　18千卡
罐头芦笋（切碎）　　75克　　　　20千卡
高丽菜　　　　　　　65克
茶或咖啡

晚餐　　　　　　　　100克
煮熟的洋葱　　　　　50克
生芹菜

汤品　　　　　　　　100克
菠菜　　　　　　　　50克
芹菜
茶或咖啡

英雄战场

1917 年，时值第一次世界大战，前线急需医生。

班廷自多伦多大学医学院毕业后，立刻被征召入伍，曾到英国和法国前线。身为一名优秀的外科医生，班廷在战场上挽救了许多士兵的性命，甚至在坎伯拉战役中，右臂被炮弹碎片击伤，还坚持为伤员治疗。

直到治疗结束，班廷才拜托其他医生帮忙取出那枚不长眼的弹片。因为伤口太深，医生建议他截肢保命。不过，在班廷的坚持下，他的手臂总算保住了，却留下一道很深的伤痕。

由于伤势过重，班廷被送回英国，接受更进一步的治疗。他写了一封信给

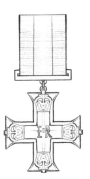

陆军十字勋章

自己在加拿大的母亲，告诉她，自己是"最幸运的男孩"。一直到战争结束，他的手臂都未复原。从这件事上我们不难看出，班廷拥有坚毅的个性与顽强的意志，这样的特质也显现在他对胰岛素的研究上。

1918 年，班廷因为在炮火中拯救同胞的英勇表现，荣获陆军十字勋章。

4 美元逼倒英雄汉

之后，班廷返回加拿大，在多伦多一家军事医院服完剩下的兵役。役期届满后，他在多伦多西边的伦敦镇（London）上开了一家诊所。和平时期的外科手术不多，开业 28 天，班廷才等来了第一位病人。算一算，整个月的收入才 4 美元。可怜！

为了糊口，班廷在韦仕敦大学（Western University）附设医学院，找到一份时薪两美元的兼职工作——在外科解剖系担任助教，按照外科教授的指示，为学生进行示范实验。这一经历，让班廷对糖尿病有了新的认识。

1920 年，班廷读到一篇文章，文中描述一位患有严重胆结石的病人，因为胰管被结石挡住，导致胰脏中分泌消化液的组织萎缩，但他的胰岛细胞依然存活良好。而且，这位病人也没有罹患糖尿病。

这意味着，过去医学界所认为的"胰脏损坏会导致糖尿病"，可能需要更进一步的解释：或许，胰岛细胞的健康与否，才是关键主因。

这篇文章给了班廷关键性的启发，既然胰岛细胞健康、正常活动人就不会罹患糖尿病，或许也能为糖尿病患者找到治愈的可能性。

胰岛素的发源地

班廷的家兼外科诊所

当晚，一个念头自班廷脑海闪过。他想，如果把狗的胰管绑住，使外分泌腺组织萎缩，或许可以分离出胰岛内的谜样物质，并且用来治疗糖尿病。

糖尿病

给狗的胰管结扎。

让小狗活着，直到腺泡退化，离开胰岛。

尝试分离出内分泌物以减轻糖尿。

班廷笔记本内的实验构想（据说由于熬夜，还有不少错别字）

年轻人终归是年轻人，太冲动了

有了这个想法之后，班廷决定到多伦多大学的医学生理系，找当时专攻内分泌学、碳水化合物代谢与生理学的专家麦克洛德（John J.R.Macleod）教授帮忙。

麦克洛德认为，相关的实验已经有不少人做过了，而且都以失败告终，更何况班廷对于糖尿病的了解，多半来自论文或是教科书，缺乏临床的知识。

麦克洛德给了班廷软钉子，要他回去好好想一想。

然而，班廷充满信心，丝毫不觉得想要解决这个医学上争论不断且十分复杂的难题，是多么不可思议的一件事。

班廷再次与麦克洛德见面，告诉他，自己还是想做研究，反正诊所生意没起色，不如收手算了。麦克洛德考虑再三之后，点头同意他的要求。他们用掷铜板的方式，找了大学刚毕业的贝斯特（Charles Herbert Best）做助手。

1921 年 5 月 17 日，实验开始。

"降了！指数降了！"

实验刚开始时，麦克洛德还会在一旁"指导"，为狗进行有保障的胰脏手术。

6月，麦克洛德离开实验室，回到家乡休假。

没有麦克洛德的指导（或许是技术问题），加上夏天的闷热天气，以及狗房环境不佳，有些狗死于出血、感染或是麻醉过量，19只实验狗，只有5只存活。

经过近两个月的努力，时间来到1921年的7月30日。这一天，班廷来到几周前做了胰管结扎手术的一只狗的面前，要从这只狗萎缩的胰腺中萃取出胰岛细胞中的物质，好注射到糖尿病狗的体内。

"降了！降了！指数降了！"助手贝斯特开心地嚷嚷。

贝斯特发现，刚才还昏昏欲睡、抬不起头的狗，在接受注射之后，不仅血糖指数下降到接近正常值，还变得相当活跃，非常有精神！

受到鼓舞的两人继续埋头苦干，陆陆续续做了许多实验。

萃取物来源	萃取物状态	血糖数值
狗的胰岛细胞	经过加热	没有变化
狗的胰岛细胞	新鲜萃取物	大幅度下降
狗的肝脏	新鲜萃取物	没有变化
狗的脾脏	新鲜萃取物	没有变化
猫的胰脏	……	……

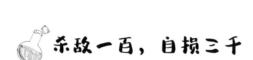

杀敌一百，自损三千

9 月中旬，麦克洛德结束休假。他看到这两个毛头小伙子的研究之后，立刻意识到，这个研究在医学上具有多么高的价值。

麦克洛德改善了实验室的环境，也提供给小伙子们薪水。

最重要的是，生化学家柯立普（James B.Collip）也加入团队，负责分离、纯化萃取物的工作。

虽然他们发现胰岛萃取物对糖尿病狗具有疗效，但问题在于，为了维持一只狗的性命，要用掉五只狗的胰脏，等于杀死五只狗才能使一只狗活命。这样杀敌一百、自损三千的方法又有何用呢？

聪明的班廷想到了免费的胰脏供应地：屠宰场。

他们随即动身前往屠宰场，要了九副牛的胰脏，并使用浓度 89% 的酒精进行处理，以去除具有破坏作用的消化酶，然后再将萃取物注射到糖尿病狗的体内。果不其然，狗的高血糖也下降了！

实验团队将这种萃取物称为胰岛素（isletin）。他们也发现，猪的胰脏萃取物对兔子或其他动物一样有效。

"先研究怎么不伤身体，再讲求效果"

1921 年，班廷在美国生理学会年会（American Physiological Society Annual Meeting）上，报告他们对糖尿病研究的实验成果。

显然，身为医生的班廷，并没有受过太多的学术训练，面对会上专家学者尖锐的提问，班廷回答得零零散散，还被"钉"得满头包。所幸麦克洛德适时出来解围，大家才对他们的研究成果有了清楚的认知。

会后，礼来药厂（Eli Lili and Company）的研究主管克雷斯（George H.A.Clowes）向麦克洛德表示了合作意愿，希望在不久的将来，能够合作进行这项研究的大量生产。

尽管糖尿病的研究成功可期，但有些动物在注射之后会出现并发症。为了能早日进行人体试验，证明这种能救活狗的东西对人体也有益，班廷和贝斯特决定挺身而出。

"如果我有什么意外，你可以继续把实验完成。"班廷坚定地说。

"不！手术的工作大部分都是由你进行，应该受到保护的是你，而不是我。"贝斯特将针筒抢了过来。

争执到最后，两人决定互相伤害：他们先后在自己身上各自注射了萃取物，结果并没有感到任何不适！

唯有献出生命，才能得到生命！这份为对方做出牺牲、共患难的勇气，真是令人拍手称赞啊！

接着，他们打算把萃取物用在糖尿病病人身上，这位勇敢的病人是班廷的好友，也是他在医学院的同事——乔（Joe Gilchrist）。

我OK，你也试

12月中旬，乔空腹口服了萃取物，过了半天，仍不见任何效果，乔因此成为第一位人体接受口服治疗失败的例子。

但这件事告诉班廷，这种萃取物可能是一种蛋白质，碰到胃酸就被分解了。

1922年1月11日，他们将萃取物注射到14岁男孩隆纳德·汤普森（Leonard Thompson）身上。

这名因为接受饥饿疗法，导致体重只剩下20千克、濒临死亡的男孩，在接受注射之后，因为萃取物的纯度不足，病情不仅没有得到改善，还发生了严重的过敏反应。

但他们并未灰心。柯立普夜以继日地进行纯化工作，12天之后，他们再次进行了注射。

这一次，汤普森的血糖下降了！不仅尿液中没有糖分，糖尿病的症状也消失了！第一例临床注射胰脏萃取物的人体试验获得成功。

靠着萃取物，汤普森从此过着正常的生活，直到37岁时因肺炎病逝。

我们OK，他还在试

那一天，人类不再有被糖尿病支配的恐惧

1922 年 5 月，麦克洛德在美国内科医生界中最具权威、相当有影响力的医生学会年会（Association of American Physician Annual Meeting）上，发表了《胰脏萃取物对糖尿病的影响》（*The effect produced on diabetes by extracts of pancreas*）这篇论文。

论文中，他遵从比利时医生梅尔 (Jean de Meyer，1878—1934) 的命名，将这种萃取物改称为 insulin，也就是"胰岛素"。

麦克洛德的报告，让全场听众为他起立，鼓掌喝彩，这在医生学会是史无前例的事，胰岛素的发现也被誉为当代医学最大的发现与成就。

隔年，因胰岛素的发现，班廷与麦克洛德同时被授予诺贝尔医学奖。不过，由于贝斯特未能一起获奖，班廷对此非常不满，决定把奖金分一半给他。麦克洛德也跟柯立普平分了奖金。

然而，糖尿病人对于胰岛素的需求量极大，许多病人仍在苦苦等待这服救命的良药。

虽然班廷的团队拥有胰岛素的专利权，但他们一致认为：知识是由全人类所共享，胰岛素的研究成果也应该如此，凭借贩售专利来获取商业利益，有违医疗研究者的职业伦理。经过多方讨论，这项专利最后由多伦多大学取得。校方和克雷斯达成协议，由礼来药厂进行大量生产，上市贩售。

　　胰岛素的发现拯救了无数人的生命，如今人们不再因为糖尿病而胆战心惊，用胰岛素来对付糖尿病，已经成为一般人耳熟能详的医药常识。面对胰岛素的大量需求，目前最有效、能大量生产的方法是依靠基因工程制造，不仅能降低生产成本，也可以减少身体的免疫反应。

无所不在的科学

— "酮" 好会 —

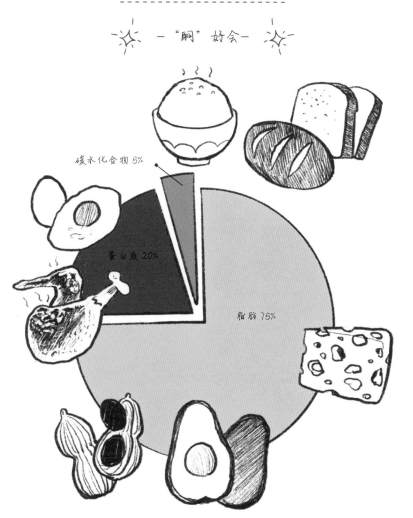

碳水化合物 5%

蛋白质 20%

脂肪 75%

生酮饮食的热量分配图

近年来，"生酮饮食"（ketogenic diet，简称 KD）[1] 成了大家茶余饭后闲聊的话题，一些网红宣称，这种饮食方法可以瘦身、减重、抗癌，甚至能治疗各种疑难杂症，让头脑变灵光，每次考试都考 100 分！所谓的"生酮饮食"，其实是采用高脂肪（总热量的 75%）、极低碳水化合物（总热量的 5%）及适量蛋白质（总热量的 20%）的饮食模式。这样严格限制糖类摄取的方法是不是觉得似曾相识？

没错，前文提过，这是 100 年前为了治疗糖尿病，由艾伦医生所发明的方法，但是因为十分严苛，营养不良的病人很可能终究难逃一死。一直到胰岛素问世，才大幅改善糖尿病患者的生存率。生酮饮食后来也被用来帮助病童改善癫痫，效果倒是相当不错。值得注意的是，借由直接分解脂肪来获取能量，很容易让身体累积过多的酮体，造成酮酸中毒。人体可能会大量排尿，甚至可能像糖尿病患一样，口腔中散发一种类似"烂苹果"或是"臭鸡蛋"的酸臭气味。

无论你是支持生酮饮食，还是对此抱着怀疑的态度，在采用这类极端的饮食方式之前，最好先与医师沟通了解哦！

---

1 2021 年 9 月，美国责任医师协会、纽约大学、宾夕法尼亚大学等研究人员对生酮饮食进行了全面评估，权衡生酮饮食与慢性病的利弊关系。研究结果认为，对大多数人来说，生酮饮食弊大于利。

知识百宝箱

1. 人体恒定 ──┬── 维持人体内有利生存的 稳定状态
　　　　　　　│　　　　　　　　　　　↓
　　　　　　　│　　　　体温、水分、血糖浓度、
　　　　　　　│　　　　离子浓度、酸碱度等
　　　　　　　├── 神经系统 ──┬── 协调、支配
　　　　　　　├── → 针对刺激产生快速反应 ── 人体内部
　　　　　　　└── 内分泌系统 ──┴── 机能恒定
　　　　　　　　　　→ 人体激素的恒定性

2. 刺激与反应 ──┬── 感受器 ──┬── 接受刺激
　　　　　　　　│　　　　　　└── 例如：眼、鼻、耳、皮肤……
　　　　　　　　└── 效应器 ──┬── 做出反应
　　　　　　　　　　　　　　　└── 例如：肌肉、腺体……

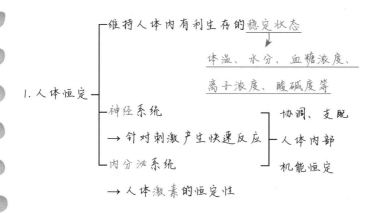

感受器 → 感觉神经元 → 神经中枢（大脑、脊髓）→ 运动神经元 → 效应器

```
                            ┌─ 大脑 → 意识中枢
                     ┌─ 脑 ─┼─ 小脑 → 平衡中枢
           ┌─ 中枢神经 ─┤      └─ 脑干 → 生命中枢
           │          │
  人体      │          └─ 脊髓 → 将颈部以下的讯息传递到脑部
  的    ┤
3. 神经      │
  系统      │          ┌─ 脑或脊髓发出
           └─ 周围神经 ─┤
                      └─ 传送信息
```

4.内分泌系统: 分泌激素（荷尔蒙），以血液运输，维持人体恒定

```
  ┌─ 下丘脑 → 促释放激素
  ├─ 垂体 → 生长激素、促进激素
  ├─ 甲状腺 → 甲状腺激素
  ├─ 肾上腺 → 肾上腺素、肾上腺皮质激素
  ├─ 胰岛 → 胰岛素、胰高血糖素
  └─ 性腺 → 雄性激素、雌性激素
```

5.血糖：血液中的葡萄糖，能提供细胞运作所需能量

6.胰岛分泌 ⎡ 胰岛素
　　　　　 ⎣ 胰高血糖素 ⎤ 互为拮抗作用

　　→ 胰岛素：可降低血糖浓度

　　→ 胰高血糖素：可提高血糖浓度

7.胰岛素：可降低血糖浓度

　　　　　→ 促使细胞加速摄取、利用血糖

　　　　　→ 将多余的血糖储存在肝脏或肌肉中

　　　　　→ 将多余的血糖转化为脂肪等

8.胰高血糖素：可提高血糖浓度

　　　　　→ 促进饥饿感鼓励进食

　　　　　→ 将储存在肝脏中的血糖释放到血液中

　　　　　→ 促进脂肪分解，转化为血糖

　　※ 肾上腺分泌的肾上腺素，也可以提高血糖浓度

9. 人体进食：血糖浓度上升 $\left[\begin{array}{l}\text{胰岛素分泌量}\uparrow\\\text{胰高血糖素分泌量}\downarrow\end{array}\right]$

→ 使血糖浓度下降，维持血糖恒定

10. 人体饥饿：血糖浓度下降 $\left[\begin{array}{l}\text{胰岛素分泌量}\downarrow\\\text{胰高血糖素分泌量}\uparrow\end{array}\right]$

→ 使血糖浓度上升，维持血糖恒定

11.

状况	血糖	激素分泌	目的
人体饥饿	下降	胰高血糖素	血糖 ← 肝糖
人体进食	上升	胰岛素	血糖 → 肝糖、肌糖
运动、紧张时	需要上升	肾上腺素	血糖 ← 肝糖

生活小实验

听过"168 间歇性断食法"吗？在这个断食法中，一天 24 个小时，只有其中连续的 8 个小时可以享用食物，其他 16 个小时都不能进食！想要挑战看看吗？一起来体验一下吧！

一、断食原理

1. 进食。

---

2. 经过消化吸收，食物被分解为葡萄糖，成为身体能量来源。

---

3. 葡萄糖被肝脏转化为肝糖。

---

4. 经过 12~16 个小时的断食，身体将葡萄糖与肝糖消耗完毕。

---

5. 开始燃烧脂肪，作为身体能量来源。

二、实验步骤

1.168 间歇性断食法：一日中，8 个小时可进食，其余 16 个小时则进行断食。

→可饮用无热量的饮料：水、茶、咖啡等。

2.评估条件：适合生活作息规律的人，例如上班族。

→早午餐合并，也可以执行！

3.可进食的连续 8 小时注意事项：

　A.并不表示可以随意进食，建议选择低糖饮食，减少淀粉摄取。

　B.可以选择补充含有脂肪的蛋白质，并且多喝水，补充电解质与盐分。

　C.适度运动，修复身体机能。

4.持续进行"168 间歇性断食法"约一周，每天记录自身感受。

5.分析记录，观察身体的差异与反应。

第八章

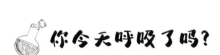

你今天呼吸了吗？

当身边有人喊出"水之呼吸！壹之型！"[1]时，你会淡定地看着对方，拔出想象中的日轮刀冲来冲去，还是高呼"血鬼术"一起加入战局？

不管你是沉浸战斗的热血分子，还是冷静的观众，都不可否认，呼吸法还是相当有趣的设定！

不管是全集中呼吸还是呼吸，人生在世，最重要的就是呼吸。即便用尽洪荒之力，我们也无法捂住嘴、掐着鼻闭气太久，最终还是得臣服于吸气的冲动之下。

终其一生，我们都在持续地吸气、吐气，对于这种再平常不过的事情，很少有人会问："为什么？"

---

1 日本动漫《鬼灭之刃》中，鬼杀队为了对抗身体能力高于人类的鬼而使用的一种战斗技巧。

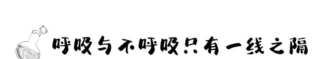

呼吸与不呼吸只有一线之隔

弘一大师[1]说："人活着是为了呼吸。呼是为了出一口气，吸是为了争一口气。"

先不讨论这句话的哲理与境界，看似简单的呼吸，也就是吸入氧气、排出二氧化碳的单纯动作，实际上却比想象中复杂得多。

呼吸，是维持人体新陈代谢以及器官活动所需的基本生理过程。一旦停止呼吸，生命便会戛然而止。

人体的呼吸，毫无疑问，跟"气"息息相关。

还记得在第五章出现过的"元气"（pneuma）吗？在古希腊的医生眼中，"气"跟血液会在人体心脏处混合，形成"元气"，再经由动脉运送到全身。

---

1 弘一大师：俗名李叔同（1880—1942），字息霜，浙江平湖人。出家后法名演音，号弘一，艺术教育家，也是一代高僧。

中医则认为，"气"，是维持人生命活动的最基本物质。因此，中医理论中有"人以天地之气生，四时之法成"[1]"气血足，百病除"的说法。

　　对中医而言，气，不仅主导着人体的生命活动，也影响着人体的免疫功能。

　　相对于气、血不分的古人，现代人对于空气组成已经有所了解，也明白生物之所以需要空气的理由。加上测量仪器的发明与问世，有助于我们对人体的探索研究，更能让现代人清楚地明白：呼吸系统到底是什么东西。

---

1 出自《黄帝内经·素问》，意指天地自然是人类生命的源泉，存在着人类赖以生存的必要条件。

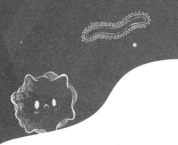

无色、无味并不代表无用

受到希腊哲学家亚里士多德的影响，人们一度相信，"气"不过是种成分单一的无聊物质。让我们再说一次，对于这种看不见、摸不着，也尝不出味道的东西，科学家们曾经毫无兴趣。

但随着时代的进步，人类也逐渐意识到，无色、无味并不代表无用，看不见、摸不着也不代表不能研究。

1662年，英国科学家波义耳设计了一个真空泵装置。他在装置中依次放入蜡烛和老鼠、蜜蜂等生物，再利用泵抽出装置内的空气。

结果波义耳发现，如果将燃烧的蜡烛放入密闭装置中，再将空气全部抽出，跳动的火焰就会熄灭。如果进入装置里的是老鼠或者蜜蜂，抽出空气之后，里面那可怜的生物就会窒息而死。

通过这个实验，波义耳证明，空气中有某种物质，是生物呼吸和燃烧都需要的。

1664年，胡克也进行了与呼吸相关的实验。

胡克的方法十分大胆。他切开一只狗的胸腔，露出它的心肺，并且利用泵，将空气经由气管打入狗的肺部，借由这样的"人工呼吸"来维持它的性命。

波义耳的真空泵实验

在实验的一个多小时内，胡克仔细观察这只无助的狗狗，以及它每进行一次"人工呼吸"所产生的生理变化，例如胸腔与器官的扩张与收缩，直到它惊恐不安地迎接死亡。

这个实验看起来很残酷，但也成为临床上第一个使用呼吸器来帮助呼吸的案例。换句话说，就是最早（在动物身上进行）的人工呼吸！

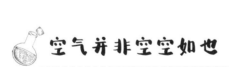

空气并非空空如也

1754 年，英国科学家约瑟夫·布拉克（Joseph Black，1728—1799）透过加热石灰石，成功制造出二氧化碳。当时的二氧化碳还没有正式名称，人们姑且称它为"固定空气"。

从此，科学家们赫然发现，原来空气也分许多种！紧接着，他们很快便发现了氢气（当时取名为"固定空气"）、氮气（当时昵称为"有毒空气"）等不同的气体。

至于对人类呼吸作用至关重要的氧气，受到当时盛行的"燃素说"（phlogiston theory）的影响，氧气的发现之路变得格外困难。直到 1774 年，才由瑞典的舍勒（CarlScheele）、英国的普利斯特列与法国的拉瓦锡（Antoine Lavoisier）分别发现。

这三个人中，较为人熟知的是普利斯特列与拉瓦锡。在科普史中，他们也经常被认为是氧气的共同发现者。至于第一位由实验制备出氧气的舍勒，相形之下可以说是默默无闻。

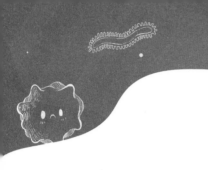

燃素释放到空气中

燃素燃烧，变成光与热

富含燃素的木头

不含燃素的灰

和交友诈骗有七八分像的燃素说

🧪 傻傻的你，聪明的我

为了解释燃烧现象，17世纪的德国化学家格奥尔格·恩斯特·施塔尔（Georg Ernst Stahl）等人提出了盛行一时的"燃素说"。

根据燃素说，万物的燃烧都必须仰赖一种被称为"燃素"（phlogiston）的物质。物质里的燃素含量越高，那它们就越容易燃烧，例如木头或煤炭。倘若物质不含燃素，就无法进行燃烧，例如石头。

物质燃烧时会释放出它本身蕴含的燃素，变成光与热，也就是我们熟知的火，最后剩下不含燃素的灰烬。聪明的你，应该可以一眼发现，这个横行化学界长达 100 多年的燃素说，其实漏洞百出，根本就是乱来的！

不仅没有人亲眼见过或者测量过燃素，甚至也没有人成功分离或者制造出燃素。就连施塔尔本人都说不清楚，这个燃素到底是什么东西。

更何况，当时的人也知道，有许多种类的金属（例如：铅）在燃烧之后，灰烬的重量反而会上升，并不符合燃素说的学理跟预测。

不过，在有更好的理论出世以前，科学家们对于燃素说，就像是面对交友诈骗中遇到的缘分一样，尽管怎么样都遇不到本人，明明心有疑虑却舍不得分手，依然死心塌地、难以忘怀。

接下来这两位即将登场的绝顶聪明的科学家，也因为燃素说的误导，在氧气发现之路跌跌撞撞，一路走来倍感艰辛。

多吸多健康

1774 年，英国科学家普利斯特列在加热氧化汞时，意外制造出一种气体。

不怕剧透，直接告诉你，普利斯特列意外制造出来的无色气体，其实就是氧气。不过普利斯特列并不知道，他只知道，这个意外的小礼物，能让蜡烛的火焰变得十分明亮！

对了，还可以让老鼠变得活力满满！

身为燃素说的忠实信徒，普利斯特列的第一个念头，还是跟燃素说紧紧挂钩。他推测，这种气体大概能加速蜡烛里的燃素释放，因此也能令火焰变得更加旺盛。所以，他将这种气体称为"去燃素空气"（dephlogisticated air）。

普利斯特列看到老鼠吸了这种空气就能活力满满，便也决定亲身体验一下，大口大口地吸了一把。

根据普利斯特列的第一手消息：吸入"去燃素空气"的感觉和吸入普通空气没有明显不同，却让人十分舒适，称得上是一种享受。

多吸多健康

 ## 呜！这下真的悲剧了

另一位对氧气发现有所贡献的人，是来自瑞典的舍勒，他也是第一位取得纯氧，并且研究纯氧化学性质的科学家。

1772 年，舍勒在加热矿物之后，纯化出一种可以助燃的气体。和普利斯特列一样，舍勒也是燃素说的拥护者。因此，舍勒决定将这种可以助燃的气体命名为"火气"（fire gas）。他同时提出，燃烧作用的进行，正是燃素与火气的华丽结合。

除此之外，舍勒也发现，火气的体积占据了全部空气的五分之一。他将这个重大的发现详细地写在《气与火的化学观察与实验》（*Chemical Observations and Experiments on Air and Fire*）这本书中。

可惜的是，《气与火的化学观察与实验》因为出版商的延误，直到 1777 年才正式出版，因此让普利斯特列与即将登场的拉瓦锡抢了先机。

受限于燃素说的束缚，普利斯特列与舍勒最终还是没能知道，两人各自发现的，其实就是救人性命的氧气！因此，两人也错失了揭开燃烧的秘密、推动化学革命的契机。可惜啊！

 ## 推翻燃素说的那个男人

法国化学家拉瓦锡，被后世称为"近代化学之父"，不仅是最早提出元素观念的人，更是质量守恒定律的发现者。

1772 年开始，拉瓦锡陆续进行了许多关于燃烧的实验。首先，他将金属放进曲颈瓶内，仔细密封，并且测量加热前后的重量变化。

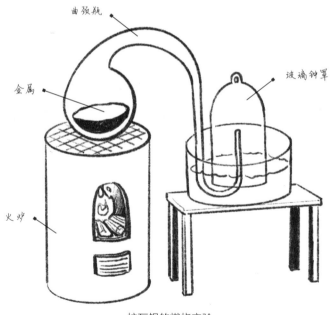

曲颈瓶

金属

玻璃钟罩

火炉

拉瓦锡的燃烧实验

结果，拉瓦锡发现：

1. 加热前的整套装备重量 ＝ 加热后的整套装备重量

2. 加热前的金属重量 ＜ 加热后的金属灰重量

也就是说，金属在燃烧后，会跟空气中某种有重量的物质结合，和燃素的流失根本八竿子打不着！

就在此时，普利斯特列正好来到法国，向科学界展示了自己发现的"去燃素空气"。拉瓦锡立刻意识到：可以助燃，可以帮助动物呼吸，还可以让金属灰化（生锈），这应该是同一种气体吧！

他立刻重复了普利斯特列的实验，以及更多、更复杂的实验，确认物体的燃烧，其实是与"去燃素空气"相互结合，而非释放燃素。他将这种空气命名为"氧气"。就此，新的燃烧理论诞生，开启了现代化学之路。

希腊神话中，普罗米修斯（Prometheus）向太阳神盗取天火送给人类，进入"已知用火"时代的人类便开始思索，火到底是什么？燃烧又是什么？拉瓦锡的实验，揭开了跳动火焰的神秘面纱，也终于让人类长久以来的疑问有了解答。

百年不遇的天才

1777 年，拉瓦锡发现，人类（及动物）呼出的气体中，除了氧气，还多出一种"碳酸气"（其实就是"固定空气"，由于它是气体，而且是由碳和氧组成的，拉瓦锡便改称为"碳酸气"）。由于这个现象和燃烧颇为类似，拉瓦锡于是推论：或许，氧气在进入肺部之后，会进行一种缓慢的燃烧作用。

不过，对于"热"是什么东西，依然没人说得清楚。

"热"是啥？

我个人认为："热"是一种元素。

拉瓦锡与他的燃烧实验

拉瓦锡认为，这种缓慢的燃烧作用会产生另一种气体与热。产生出来的热，再经由血液运送到全身，就成为恒温动物的体热来源。

这位热爱实验的天才，在反复进行了多次蜡烛燃烧以及天竺鼠呼吸的实验之后，缜密地比较了两个实验的氧气消耗与热量生成关系，发现呼吸作用确实与燃烧十分相似，它们都需要氧气，也都会产生碳酸气（二氧化碳）与热量，只是过程非常慢。

这还不够，拉瓦锡又再接再厉，进行了更多次的动物与人体实验。这一次，他又有了新的发现——血液居然可以携带氧气！他十分开心，想要进一步测定血液里的气体浓度。就在拉瓦锡准备着手之际，法国大革命爆发了。

作为一个富二代，拉瓦锡本身就够招人嫉恨了，偏偏他还天纵奇才，在财政、税务、法律、科学与农业领域都有不错的成绩，更是成了别人的活靶子。由于莫须有的指控，他被送上了断头台。

当时审理此案的法官，并不理会拉瓦锡的辩驳，仅淡淡地抛出一句："共和国不需要科学家！"便执行了他的死刑。

据说，拉瓦锡的头即将被刽子手砍下时，法国数学家拉格朗日看了看手上的怀表，感叹地说道："要砍下拉瓦锡的脑袋，只需要一秒钟。但是要长出这样的头脑，恐怕还得再花个几百年。"

百年不遇的天才科学家就此陨落，令人不胜唏嘘。

用生命研究科学的拉瓦锡

　　除了燃烧与呼吸实验，拉瓦锡还写出了第一部现代化学教科书《化学基本论述》（ _Traite' E' le' mentaire de Chimie_ ），现代学生熟悉的元素与化合物的定义，也是出自他之手。

　　值得一提的是，拉瓦锡也是化学语言的制定者之一。他出版的《化学命名法》，让化学家们逐渐有了共同的语言，不再鸡同鸭讲，可以分享与讨论研究的成果。现今我们所使用的化学命名，大多是依照此命名法而来。

赞成!

← 林奈

科学的真相永远只有一个

在日本动漫《鬼灭之刃》中，为了对抗不会疲劳、伤口还会自动愈合的鬼，人类依照自身体质，发明了"全集中呼吸法"，一种"借由肺部扩张，让更多的空气进入血液，加速血液流动与心脏跳动，使体温上升，从而提升身体强度"的作战技巧。

不管你相不相信（或者已经开始尝试），科学的年代，还是先以科学的角度检视一下动漫里的这番解释吧！

全集中呼吸？不如来瓶纯氧吧！

　　我们都知道，人类血液中的红细胞含有能够携带氧气的血红蛋白。除了少部分的氧气溶于血浆[1]，多数细胞需要的氧气都仰赖着红细胞的供给。也就是说，如果想增加血液中的含氧量，要么增加红细胞的携氧量，要么增加血浆里的氧气量。

　　人体正常的动脉血氧浓度为 95%~100%；在红细胞携氧量已经封顶的情况下，炭治郎（《鬼灭之刃》里面的主角）吸入再多的空气（或者氧气），也无法提升身体能力。

　　我们再换个方式，从血浆里的氧气量（就是血浆的氧气分压）下手。在一般大气压力之下，血浆里的氧气含量很低。所以，炭治郎必须吸入高浓度的氧气（例如戴上氧气面罩，或是高压氧气治疗），才能增加血浆里的氧气量。

　　顺道一提，冬天经常可以看到一氧化碳中毒的相关报道，有些人可能只是在浴室洗个澡，便头晕、呕吐甚至昏迷不醒。

　　这可能是因为热水器燃烧不完全，产生大量的一氧化碳。要知道，一氧化碳与血红蛋白的默契程度可是远远高过氧气（其结合力为氧气的 200~250 倍之多）。要是碰巧遇到天冷门窗紧闭，

---

1 血液中，约有 98.5% 的氧气会与血红蛋白结合，只有 1.5% 溶于血浆中。

或是热水器安装位置通风不良，导致空气不流通，当大量的一氧化碳与血红蛋白相遇，取代氧气与血红蛋白结合，便会造成人体动脉的血氧浓度大幅降低。

由于大脑和心脏是最需要氧气的器官，一旦缺氧，就可能有头痛、头晕等症状产生，身体也会变得无力、疲倦想睡觉，甚至危及生命。

过度换气可能会没有呼吸

故事中，为了让实力更接近"柱"[1]，炭治郎曾经修习过进阶版的"全集中·常中"，也就是"持续进行全集中呼吸，让基础体力得到飞跃性提升"的修炼方式。

科学的真相只有一个！

---

1 《鬼灭之刃》中，鬼杀队最高等级的剑士称为"柱"。

值得注意的是，加快呼气与吐气的频率，可能会导致人体排出过多的二氧化碳，造成血液中二氧化碳的浓度快速降低，甚至因此出现胸闷、心悸、头晕等症状，我们称之为"呼吸性碱中毒"（respiratory alkalosis）。

总而言之，不管炭治郎再怎么扩张肺部，血液中的含氧量都是固定的，而且还有可能因为过度换气，造成"呼吸性碱中毒"。这样一来，还没灭鬼，就先被鬼给灭啦！

过度换气症候群

无所不在的科学

一 憋不住啦 一

常年生活在泥土中的蚯蚓并没有专门的呼吸器官，而是由背孔分泌黏液，保持体表滋润，空气中的氧气便能借由扩散方式进入皮肤毛细血管内，再由血液运送至全身。而蚯蚓体内的二氧化碳也会利用同样的方式排出体外。

因此，如果蚯蚓体表的黏液干了，它便可能窒息而死。倘若将蚯蚓直接放入水中，它也会因为水中含氧量不足而一命呜呼。

所以在大雨过后，我们经常可以看见许多蚯蚓纷纷自地下爬出，这是因为雨水填满了土壤中的空隙，导致氧气迅速减少，蚯蚓也只好钻出地面呼吸一下新鲜空气啦！

动物的呼吸器官

1. 体表 ┌ 直接扩散: 单细胞生物、涡虫
      └ 毛细血管网: 蚯蚓、蝾螈

2. 特化的呼吸器官: 表面积大、湿润、有毛细血管
                分布

┌ 书肺 → 蜘蛛
│
│ 气管系 ┌ 气体不经循环系统
│   └ 昆虫
│
│ 鳃 ┌ 逆流交换
│   └ 水生动物
│
└ 肺 → 陆生动物

知识百宝箱

1.燃烧作用: 物质 + 氧气 → 释放能量

    ├─温度 → 达到物质的燃点
    ├─氧气 → 助燃性
    └─剧烈的氧化作用 → 燃烧现象

2. 呼吸作用: 有机养分 + 氧气 → 二氧化碳 + 水 + 能量

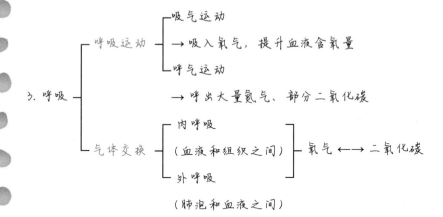

4.气体交换: 吸入氧气 → 循环系统 → 组织细胞 (呼吸作用) → 产生二氧化碳 → 循环系统 → 排出二氧化碳

5. 人体呼吸
- 呼吸调节中枢
  - 脑干
    - → 侦测血液中二氧化碳浓度
  - 二氧化碳浓度偏高
    - → 加速呼吸（排出二氧化碳）
    - → 呼吸频率剧烈上升
- 呼吸器官：鼻、咽、喉、气管、支气管、肺

6.

	肋骨	横膈	胸腔	压力	结果
吸气	上举	下降	体积变大	变小	气体进入体内
呼气	下移	上升	体积变小	变大	气体排出体外

7. 空气
- 固定气体
  - 空气中，含量不随地点改变
  - 氮气、氧气、氩气……
- 变动气体
  - 空气中，含量会随地点改变
  - 水气、二氧化碳……

生活小实验

对我们而言，物质的燃烧是习以为常的日常环节，但金属制的钢丝绒可以燃烧吗？

如果你的答案是可以，那么，在不使用打火机、火柴等点火器具的情况下，你是不是也能让金属钢丝绒进行燃烧呢？

一、实验器材

1. 0 号钢丝绒

2. 电压为 9V 的电池

3. 铁盘

4. 电子秤

二、实验步骤

1. 将 0 号钢丝绒放置于铁盘内。

2. 使用电子秤，测量钢丝绒反应前的质量。

3. 拿出电压为 9V 的电池，小心翼翼地碰触铁盘内的 0 号钢丝绒
   上端。

4. 再利用电子秤，测量碰触电池之后的钢丝绒质量。

5. 记录并且分析反应前后，钢丝绒的质量变化。